高等学校规划教材 | 畜牧兽医类

饲草生产学实验

主编
● 曾兵 黄琳凯 陈超

SICAO SHENGCHANXUE SHIYAN

西南师范大学出版社
国家一级出版社 全国百佳图书出版单位

图书在版编目(CIP)数据

饲草生产学实验/曾兵,黄琳凯,陈超主编.——重庆:西南师范大学出版社,2013.6
ISBN 978-7-5621-6305-3

Ⅰ.①饲… Ⅱ.①曾…②黄…③陈… Ⅲ.①牧草－栽培技术－实验 Ⅳ.①S54－33

中国版本图书馆CIP数据核字(2013)第139435号

饲草生产学实验

主　编：曾　兵　黄琳凯　陈　超
副主编：单贵莲　于　辉　李世丹　罗　登

责任编辑：	杜珍辉
封面设计：	魏显锋
出版发行：	西南师范大学出版社
	地址：重庆市北碚区天生路1号
	邮编：400715
	市场营销部电话：023-68868624
	http://www.xscbs.com
经　　销：	新华书店
印　　刷：	重庆紫石东南印务有限公司
开　　本：	787mm×1092mm　1/16
印　　张：	13.5
字　　数：	300千字
版　　次：	2013年8月　第1版
印　　次：	2020年8月　第2次印刷
书　　号：	ISBN 978-7-5621-6305-3
定　　价：	42.00元

衷心感谢被收入本书的图文资料的原作者,由于条件限制,暂时无法和部分原作者取得联系。恳请这些作者与我们联系,以便付酬并奉送样书。

若有印装质量问题,请联系出版社调换。

版权所有　翻印必究

高等学校规划教材·畜牧兽医类

总编委会 / ZONG BIAN WEI HUI

总主编：王永才　刘　娟

编　委（排名不分先后）：

刘　娟　黄庆洲　伍　莉　朱兆荣

罗献梅　甘　玲　谢和芳　刘安芳

兰云贤　曾　兵　杨远新　黄琳凯

陈　超　王鲜忠　帅学宏　黎德斌

段　彪　伍　莲　陈红伟

《饲草生产学实验》

编委会 / BIAN WEI HUI

主　编： 曾　兵（西南大学）
　　　　黄琳凯（四川农业大学）
　　　　陈　超（贵州大学）
副主编： 单贵莲（云南农业大学）
　　　　于　辉（湖南农业大学）
　　　　李世丹（西南民族大学）
　　　　罗　登（西南大学）
参　编： 任　健（云南农业大学）
　　　　张志飞（湖南农业大学）
　　　　闫艳红（四川农业大学）
　　　　韩玉竹（西南大学）
　　　　伍　莲（西南大学）
　　　　王保全（西南大学）
　　　　兰　英（西南大学）
　　　　张　健（重庆市畜牧科学院）
　　　　李发玉（重庆市畜牧技术推广总站）
　　　　尹权为（重庆市畜牧技术推广总站）
　　　　王胤晨（西南大学）
　　　　梁　欢（西南大学）
　　　　袁　扬（西南大学）
　　　　王少青（西南大学）

前 言

本书由来自重庆、四川、贵州、云南、湖南五省市的八个教学科研及技术推广单位组成的编写组完成编制。所有参编人员均为从事草业科学、动物科学及饲草生产相关行业教学、科研及技术推广和生产实践工作的第一线工作者。他们主持或参与国家自然科学基金及国家科技支撑计划等国家和省部级科研项目多项，并开展教学科研和生产技术指导服务多年，具有丰富的饲草生产学相关实践经验。

本书可作为草业科学、动物科学、农学及饲草生产相关学科高等院校、职业技术学校学生教学用教材，也可作为相关行业科学研究试验参考用书，也能作为饲草生产相关产业生产实践和职业技术培训指导用书。

本书共八部分：第一部分土壤养分测定、第二部分饲草生理、第三部分饲草生长发育与肥料需求、第四部分饲草种子评价、第五部分饲草栽培、第六部分草地经营与保护、第七部分饲草加工与贮藏、第八部分饲草品质鉴定。本书涵盖内容较广，多角度涉及饲草生产学的实验相关内容，衷心希望本书的编写出版，对相关单位的教学、科研以及技术推广与培训等有一定的参考和借鉴作用。

本书在编写过程中，得到了西南大学左福元教授、四川农业大学张新全教授、贵州大学陈功教授、西南大学邰秀林高级实验师等老师的指导以及西南大学荣昌校区动物科学系部分同学的大力支持，在此对老师和同学们的无私帮助致以诚挚的谢意。本书的顺利出版，也要特别感谢西南师范大学出版社以及有关领导的支持和关怀。

本书由国家科技支撑计划课题"三峡库区优质肉牛安全生产关键技术集成与示范"和贵州省农业攻关项目"灌丛草地改良及配套养羊关键技术研究与示范"资助。

限于编者水平有限，不当之处敬请专家和读者批评指正。

曾兵

2013年5月2日

目 录

第一部分　土壤养分测定 ·· 1

实 验 一　土壤样品的采集和制备 ··· 1

实 验 二　土壤自然含水量和容重的测定 ······································· 5

实 验 三　土壤有机质的测定 ·· 7

实 验 四　土壤氮含量的测定 ··· 10

实 验 五　土壤磷含量的测定 ··· 14

实 验 六　土壤钾含量的测定 ··· 20

实 验 七　土壤酸碱度的测定 ··· 23

第二部分　饲草生理 ·· 25

实 验 八　饲草含水量的测定 ··· 25

实 验 九　饲草细胞质膜透性的测定 ·· 27

实 验 十　饲草丙二醛的测定 ··· 29

实验十一　饲草可溶性糖的测定 ··· 31

实验十二　饲草脯氨酸的测定 ·· 33

实验十三　饲草超氧化物歧化酶的测定 ·· 35

实验十四　饲草过氧化物酶的测定 ·· 37

实验十五　饲草过氧化氢酶的测定 ·· 39

实验十六　饲草抗坏血酸的测定 ··· 41

实验十七　饲草谷胱甘肽的测定 ··· 43

实验十八　饲草根系活力的测定 ··· 45

实验十九　饲草叶绿素含量的测定 ·· 47

第三部分　饲草生长发育与肥料需求　51

实验 二 十　饲草样品消化　51

实验二十一　饲草氨基酸总量的测定　53

实验二十二　氮肥的测定　56

实验二十三　磷肥的测定　60

实验二十四　钾肥的测定　63

实验二十五　饲草无土栽培培养液的配制　65

实验二十六　饲草溶液培养及缺素症状的观察　67

实验二十七　饲料作物施肥量的估算　70

第四部分　饲草种子评价　75

实验二十八　饲草种子形态特征的识别　75

实验二十九　饲草种子丸衣化的制作　77

实验 三 十　豆科牧草种子的硬实处理　79

实验三十一　饲草种子的品质检验　82

实验三十二　饲草种子生活力的快速测定　86

第五部分　饲草栽培　91

实验三十三　田间试验设计　91

实验三十四　混播饲草的配合设计与人工草地的建立　95

实验三十五　豆科牧草根瘤菌的接种　97

实验三十六　常见豆科牧草植物学特征观测　100

实验三十七　常见禾本科牧草植物学特征观测　101

实验三十八　常见其他牧草植物学特征观测　102

实验三十九　饲草物候期观测　103

实验 四 十　饲草生产性能测定　106

实验四十一　饲草轮供计划的制订　110

实验四十二　常见饲草标本的制作　112

第六部分　草地经营与保护 ··· 115

实验四十三　草地植被调查与取样 ·· 115
实验四十四　草地植被的数量特征 ·· 122
实验四十五　草地植被的综合特征 ·· 124
实验四十六　饲草中常见病害的症状及类型 ······························ 126
实验四十七　饲草病害的损失与统计 ······································ 127
实验四十八　饲草中常见有害昆虫种类及形态特征的观察 ··············· 128
实验四十九　饲草中常见杂草的调查与识别 ······························ 130
实 验 五 十　饲草地中杂草的防除 ··· 131
实验五十一　饲草病害标本的采集、制备及病菌的分离培养 ············ 134

第七部分　饲草加工与贮藏 ··· 141

实验五十二　叶蛋白饲料的提取 ·· 141
实验五十三　青贮饲料的制作与品质鉴定 ·································· 143
实验五十四　氨化饲料的制作与品质鉴定 ·································· 147
实验五十五　青干草的调制与品质鉴定 ···································· 149

第八部分　饲草品质鉴定 ·· 153

实验五十六　饲草中灰分的测定 ·· 153
实验五十七　饲草中粗蛋白的测定 ·· 155
实验五十八　饲草中粗脂肪的测定 ·· 159
实验五十九　饲草中粗纤维的测定 ·· 161
实 验 六 十　饲草中钙的测定 ··· 164
实验六十一　饲草中磷的测定 ··· 167
实验六十二　饲草中无氮浸出物的计算 ···································· 172
实验六十三　饲草总能的测定 ··· 173

附录　国家草品种区域试验实施方案 ……………………………………………… 177

　　附录一　2012年白三叶品种区域试验实施方案 …………………………………… 177

　　附录二　2012年多花黑麦草品种区域试验实施方案 ……………………………… 180

　　附录三　2012年象草品种区域试验实施方案 ……………………………………… 183

　　附录四　豆科牧草观测项目与记载标准 …………………………………………… 186

　　附录五　禾本科牧草观测项目与记载标准 ………………………………………… 195

　　附录六　国家草品种区域试验记载本 ……………………………………………… 203

第一部分 土壤养分测定

实验一 土壤样品的采集和制备

一、实验目的和意义

在进行室内土壤理化性质分析的测定之前,必须对野外的土壤进行采集和样品制备。土壤的采集主要是为了研究土壤的基本质量和性质、编制土壤图和进行安全性评价等;根据不同的研究目的,可有不同的采样方法。制备土壤样品的主要目的有:剔除非土壤成分;适当磨细,充分混匀,减少称样误差;防止霉变,使样品可以长期保存。

土壤的采集和制备过程中规范操作是保证分析结果如实反映客观实际的前提条件。因为分析数据能不能代表样品总体,关键在于最终用量的代表性。如果采集和制备不规范,那么任何精密的仪器和熟练的分析技术都将毫无意义。

二、仪器和用具

铁铲、土钻、塑料布、土样袋、绳子、铅笔、采样标签纸、GPS定位仪、剖面刀、平木板、土碾、研钵、土壤样筛、镊子、电子天平、鼓风干燥箱等。

三、实验方法与步骤

1. 土壤样品的采集

（1）调查

①自然条件:成土母质、地形、植被水文、气候等。

②农业生产情况:土地利用情况,作物生长与产量等。

③土壤性状:土壤类型、层次特征、分布等。

④污染历史及现状:水、气、农药、肥料等途径的影响。

（2）布点选择

①采样点的数目:采样点的数目,根据地形地貌、污染均衡性和采样区的面积而定。采样区面积≤1 hm², 采样点10~15个; 1 hm²≤采样区面积≤3 hm², 采样点15~25个;采样区面积≥3 hm², 采样点25~35个。

②采样点的布置方法:采样地点的选择应具有代表性。因为土壤本身在空间分布上具有一定的不均匀性,故应多点采样、混合均匀,以使所采样品具有代表性。主要包括以下几

种方法:

1)对角线布点法:适用于面积较小、地势平坦的原土壤或经过施肥及其他处理的田块。一般采样点不少于5个。

2)梅花形布点法:适用于面积较小、地势平坦、土壤理化情况较均匀的地块。一般设5~10个采样点。

3)棋盘式布点法:适用于中等面积、地势平坦、地形完整开阔,但土壤理化情况不均匀的地块,一般设10个以上采样点。

4)"S"形布点法:适用于面积较大、地势不够平坦、土壤理化情况不够均匀的田块。布设采样点数目较多。

③采样深度:采样深度视检测项目而定。

如果一般了解土壤理化情况,采样深度只需取15 cm左右耕层土壤和耕层以下的15~20 cm土样;若作物根系分布较深,采样深度一般为20~40 cm;若了解土壤理化情况,应按土壤剖面层次分层取样。

④采样时间和频率:采样时间和频率应根据测试项目和研究目的而定。

同一采样单元,无机氮每季或每年采集一次,土壤有效磷、速效钾等一般2~3年采集一次,中、微量元素一般3~5年采集一次,植株样品每个主要生长期采集一次。

(3)采样

①采样量:土壤样品是多点混合而成的,取土量往往较大,而实际进行测定时并不需要太多,一般1~2 kg即可。因此将采集好的土壤弃去残渣和石砾后,对所得混合样需反复按"四分法"弃取,最后留下所需的土量,装入布袋或塑料袋内。

②采样方法。

1)采样筒取样:适用于表层土样的采集。

将长10 cm、直径8 cm金属或塑料的采样筒直接压入土层内,然后用铲子将其铲出,清除采样筒口多余的土壤,采样筒内的土壤即为所取样品。

2)土钻取样:土钻取样是用土钻钻至所需深度后,将其提出,用挖土勺挖出土样。

3)挖坑取样:挖坑取样适用于采集分层的土样。

先用铁铲挖一截面1.5 m×1.0 m,深1.0 m的坑,平整一面坑壁,并用干净的取样小刀或小铲刮去坑壁表面1~5 cm的土,然后在所需层次内采样0.5~1.0 kg,装入容器内。

2. 土壤样品的制备

(1)风干

采集回来的土壤样品必须尽快进行风干。可将取回的土壤样品置于阴凉、通风且无阳光直射的房间内,并将样品平铺于晾土架、油布、牛皮纸或塑料布上,铺成薄薄的一层自然风干。风干供微量元素分析用的土壤样品时,要特别注意不能使用含铅的旧报纸或含铁的器皿衬垫等。当土壤样品达到半干状态时,需将大土块(尤其是黏性土壤)捏碎,以免完全风干后结成硬块,不易压碎。此外,土壤样品的风干场所要求能防止酸、碱等气体及灰尘污染。

某些土壤性状(如土壤酸碱度、亚铁、硝态氮及铵态氮等)在风干的过程中会发生显著的变化,因而这些分析项目需用新鲜的土壤样品进行测定,不需进行土壤样品的风干步骤,但新鲜土壤样品较难压碎和混匀,称样误差比较大,因而需采用较大称样量或较多次的平行测定,才能得到较为可靠的平均值。

(2)分选

若取回的土壤样品太多,需将土壤样品混匀后平铺于塑料薄膜上摊成厚薄一致的圆形,用"四分法"去掉一部分土壤样品,最后留取0.5~1.0 kg待用。

(3)挑拣

样品风干及分选过程中应随时将土壤样品中的侵入体、新生体和植物残渣挑拣出去。如果挑拣的杂物较多,应将其挑拣于器皿内,分类称其重量,同时称量剩余土壤样品的重量,折算出不同类型杂质的百分率,并做好记录。细小已断的植物根系,可以在土壤样品磨细前利用静电或微风吹的办法清除干净。

(4)磨细

风干后的土壤样品平铺,用木碾轻轻碾压,将碾碎的土壤样品用带有筛底和筛盖的1 mm筛孔的筛子过筛。未通过筛子的土粒,铺开后再次碾压过筛,直至所有土壤样品全部过筛,只剩下石砾为止。通过1 mm筛孔的土壤样品进一步混匀,并用"四分法"分为两份,一份供物理性状分析用,另一份供化学性状分析用。某些土壤性状(如土壤pH、交换性能及速效养分等)在测定中,如果土壤样品研磨太细,则容易破坏土壤矿物晶粒,使分析结果偏高。因而在研磨过程中只能用木碾滚压,使得由土壤黏土矿物或腐殖质胶结起来的土壤团粒或结粒破碎,而不能用金属锤捶打以免破坏单个的矿物晶粒,暴露出新的表面,增加有效养分的浸出。某些土壤性状(如土壤硅、铁、铝、有机质及全氮等)在测定中,则不受磨细的影响;若要使得样品容易分解或溶化,需要将样品磨得更细。

(5)过筛

通过1 mm筛孔的用于化学分析的土壤样品,采用"四分法"或者"多点法"分取样品,通过研磨使其成为不同粒径的土壤样品,以满足不同分析项目的测定要求(筛孔和筛号见表1-1),每次分取的土壤样品需全部通过筛孔,绝不允许将难以磨细的粗粒部分弃去,否则将造成样品组分的改变而失去原有的代表性。具体过筛程序如下:

①通过0.5 mm筛孔:取部分通过1 mm筛孔直径的土壤样品,经过研磨使其通过0.5 mm筛孔直径,通不过的再研磨过筛,直至全部通过为止。过筛后的土壤样品可用于测定碳酸钙含量。

②通过0.25 mm筛孔:取部分通过0.5 mm或1 mm筛孔的土壤样品,经过研磨使其全部通过0.25 mm筛孔,做法同2.(5).①。此样品可用于测定土壤代换量、全氮、全磷及碱解氮等项目。

③通过0.15 mm筛孔:取部分通过0.25 mm筛孔的土壤样品,经过研磨使其全部通过0.15 mm筛孔,做法同2.(5).②。此样品可用于测定土壤有机质。

(6) 装瓶

过筛后的土壤样品经充分混匀，装入磨口广口瓶、塑料瓶或牛皮纸袋内，在容器内及容器外各贴标签一张，标签上注明编号、采样地点、土壤名称、土壤深度、筛孔、采样日期和采样者等信息。所有样品处理完毕之后，登记注册。一般土壤样品可保存半年到一年，待全部分析工作结束之后，分析数据核对无误，方能舍弃。

四、注意事项

(1) 测定微量元素或重金属含量的样品，需将接触金属采样器的土壤弃去或用非金属采样器采样。

(2) 采样点不能选择在田边、沟边、路边或肥堆旁等特殊位置。

(3) 土壤样品的采集均应在同一时间完成，土壤的上层和下层的比例要相同。

(4) 样品存放应避免阳光直射，防止高温、潮湿、酸、碱及不洁气体等外界因素对土样产生影响。

(5) 样品研磨禁用铁器等金属器具碾磨，以防样品受到污染。

五、思考题

(1) 制备土壤样品的粗细度应如何确定？举例说明。

(2) 用于土壤速效养分测定的样品应通过多少毫米的筛孔？为什么样品不能太细？

表1-1 标准筛孔对照表

筛号(目)	筛孔直径(mm)	筛号(目)	筛孔直径(mm)
2.5	8.00	35	0.50
3	6.72	40	0.42
3.5	5.66	45	0.35
4	4.76	50	0.30
5	4.00	60	0.25
6	3.36	70	0.21
7	2.83	80	0.177
8	2.38	100	0.149
10	2.00	120	0.125
12	1.68	140	0.105
14	1.41	170	0.088
16	1.18	200	0.074
18	1.00	230	0.062
20	0.84	270	0.053
25	0.71	325	0.044
30	0.59		

实验二 土壤自然含水量和容重的测定

一、实验目的和意义

土壤含水量是严格意义上的土壤含水率,是指相对于土壤一定质量或容积的水量分数或百分比,而不是土壤所含的绝对水量。土壤含水量的多少,直接影响土壤的固、液、气三相比,以及土壤的适耕性和饲草的生长发育。因此在农业生产中,需要经常了解田间土壤含水量,以便适时灌溉或排水,保证饲草生长对水分的需要,并利用耕作予以调控,达到高产丰收的目的。土壤水分测定可采用烘干法、中子仪法、γ射线透射法、电磁波法、电阻法、电容法、光电法等。常用烘干法测定。

土壤容重是指土壤在未受到破坏的自然结构的情况下,单位体积的重量。土壤容重不仅用于鉴定土壤颗粒间排列的紧实度和判断其结构状况,也是计算土壤孔隙度和空气含量的必要数据,又称土壤密度。测定土壤容重的方法很多,如环刀法、蜡封法、水银排出法、填砂法和射线法(双放射源)等。常用的是环刀法。

二、仪器和材料

1. 仪器和用具

铝盒、烘箱、天平(感量为 0.01 g 和 0.0001 g)、环刀(容积 100 cm^3,如图 1-1)、削土刀、小铁铲和干燥器等。

2. 材料

待测土壤。

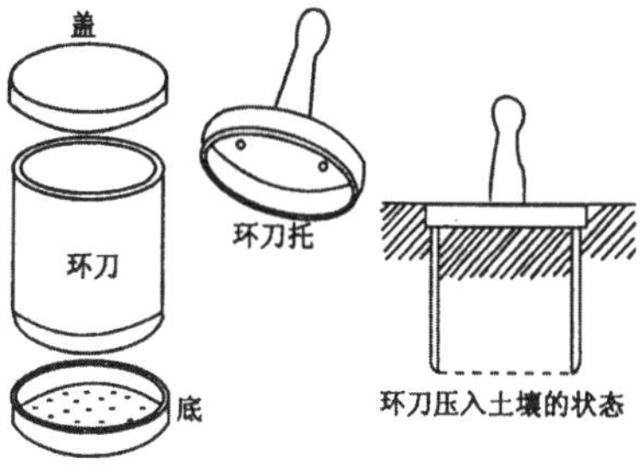

图 1-1 环刀示意图

三、实验方法与步骤

1. 原理

土壤样品在 105 ℃±2 ℃烘干至恒重时的失重,即为土壤样品所含水分的质量。

用环刀(100 cm^3)切割的自然状态土样,使土样充满其中,烘干后称量计算单位容积的烘干土重量。本法适用一般土壤,对坚硬和易碎的土壤不适用。

2. 操作步骤

(1)小型铝盒和环刀的烘干及称量:先将铝盒和环刀放置于 105 ℃±2 ℃的烘箱中烘约 2 h,然后将空铝盒和环刀移入干燥器内冷却至室温,称至恒重(铝盒 m_1,环刀 m_2,精确至 0.1 g)。

(2)称土样:用环刀切入自然状态下的土壤中,用削土刀切开环刀周围的土壤,取出已装满土的环刀,细心削去环刀两端多余的土,并擦净环刀外面的土,立即盖上环刀盖,以免水分蒸发,随即测得土壤和环刀总重量(记为 m,精确至 0.1 g)。

(3)土样装盒及烘干:称取鲜土样(记为 m_3,精确至 0.001 g),每个样品 2 次重复,其误差不超过 0.001 g。均匀地平铺装在铝盒内,铝盒盖倾斜放在铝盒上,置于已预热至 105 ℃±2 ℃的恒温干燥箱中烘约 8 h 至恒重,称重(m_4,精确至 0.0001 g)。

3. 计算

土壤含水量：$W = \dfrac{m_3 - m_4}{m_4 - m_1} \times 100\%$

式中：W——土壤自然含水量(%)；

m_1——铝盒重(g)；

m_3——铝盒重加湿土重(g)；

m_4——铝盒重加烘干土重(g)。

土壤容重：$\rho b = \dfrac{(m - m_2) \times 100}{V \times (100 + w)}$

式中：ρb——土壤容重($g \cdot cm^{-3}$)；

m——土壤和环刀总重量(g)；

m_2——环刀重量(g)；

V——环刀容积(cm^3)；

w——土壤自然含水量(%)。

土壤孔隙度：$P = (1 - \dfrac{\rho b}{p}) \times 100\%$

式中：P——土壤孔隙度；

ρb——土壤容重($g \cdot cm^{-3}$)；

p——土壤密度，一般采用平均密度值 $2.65\ g \cdot cm^{-3}$。

4. 重复性及允许误差

对同一试样取两份进行平行测定，取两次测定的算术平均值作为测定结果。土壤自然含水量<5%的风干土样平行绝对误差<0.2%，土壤自然含水量为5%~25%的潮湿土样平行绝对误差<0.3%，土壤自然含水量>25%的大粒(粒径约10 mm)黏重潮湿土样不得超过0.7%。土壤容重允许平行绝对误差<$0.03\ g \cdot cm^{-3}$。

四、注意事项

(1) 烘箱温度以105 ℃±2 ℃为宜，温度过高，土壤有机质易碳化损失。

(2) 在烘箱中，一般土壤烘8 h即可恒重，质地较轻的土壤可较短，约5~6 h。

五、思考题

(1) 该方法测定土壤含水量和容重有何优缺点？

(2) 本实验中土壤含水量和容重的测定方法有哪些因素可能会影响实验结果？

实验三 土壤有机质的测定

一、实验目的和意义

土壤有机质是土壤中形成的和外部加入的所有动、植物残体不同分解阶段的各种产物和合成产物的总称。土壤有机质含量是衡量土壤肥力高低的重要指标之一，尽管土壤有机质的含量只占土壤总量很小的一部分，但它对土壤形成、土壤肥力、环境保护及农林业可持续发展等方面都有着极其重要的意义。因此，要了解土壤的肥力状况，必须进行土壤有机质含量的测定。

二、仪器和试剂

1. 仪器和用具

分析天平(感量为0.0001 g)、温度计(200 ℃~300 ℃)、油浴锅、电炉、磨口三角瓶(250 mL)、酸式滴定管、移液管(10 mL)、洗瓶等。

2. 试剂和材料

试剂：

(1) 0.4 mol·L^{-1} (1/6 $K_2Cr_2O_7$)溶液：称取化学纯重铬酸钾20.00 g，溶于500 mL蒸馏水中(必要时可加热溶解)，冷却后，缓缓加入化学纯硫酸500 mL于重铬酸钾溶液中，并不断搅动，冷却后定容至1000 mL，贮于棕色试剂瓶中备用。

(2) 0.2 mol·L^{-1}硫酸亚铁铵或硫酸亚铁溶液：称取分析纯硫酸亚铁铵[$(NH_4)_2SO_4·FeSO_4·6H_2O$] 80 g或硫酸亚铁($FeSO_4·7H_2O$) 56 g，溶于500 mL蒸馏水中，加6 mol·L^{-1} (1/2 H_2SO_4) 30 mL搅拌至溶解，然后再加蒸馏水稀释至1 L，贮于棕色瓶中，此溶液的准确浓度用0.1000 mol·L^{-1} (1/6 $K_2Cr_2O_7$)的标准溶液标定。

(3) 0.1000 mol·L^{-1} (1/6 $K_2Cr_2O_7$)标准溶液：准确称取分析纯重铬酸钾(在130 ℃下烘3 h) 4.9033 g，以少量蒸馏水溶解，然后慢慢加入浓硫酸70 mL，冷却后洗入1000 mL容量瓶，定容至刻度，摇匀备用。

(4) 邻菲罗啉指示剂：称取邻菲罗啉(GB 1293-77，分析纯) 1.485 g与$FeSO_4·7H_2O$ 0.695 g，溶于100 mL水中。

(5) 0.2 mol·L^{-1}硫酸亚铁铵或硫酸亚铁溶液的标定：

准确吸取20 mL 0.1000 mol·L^{-1} (1/6 $K_2Cr_2O_7$)溶液3份于干燥的3只150 mL三角瓶中，加4滴邻啡罗菲指示剂，用0.2 mol·L^{-1}硫酸亚铁铵或硫酸亚铁溶液滴定，三角瓶中溶液的颜色由橙黄色经蓝绿色突变到棕红色为终点，30 s内不变色。根据所消耗的硫酸亚铁铵或硫酸亚铁溶液的体积和重铬酸钾的体积和浓度，就可算出该溶液的准确浓度。

$$c(FeSO_4) = \frac{c_1 \times V_1}{V_2}$$

式中：c_1——(1/6 $K_2Cr_2O_7$)溶液的浓度(mol·L^{-1})；

V_1——(1/6 $K_2Cr_2O_7$)溶液的体积(mL);

V_2——滴定所用$FeSO_4$溶液的体积(mL);

$FeSO_4$浓度取3份测定结果的平均值。

材料:土壤试样。

三、实验方法与步骤

1. 原理

在恒定加热条件下(175 ℃~180 ℃,5 min),用$K_2Cr_2O_7$-H_2SO_4溶液氧化土壤有机碳,剩余的$K_2Cr_2O_7$用标准$FeSO_4$滴定,由所消耗标准硫酸亚铁的量计算出有机碳量,从而推算出有机质含量。反应式为:

$$2K_2Cr_2O_7+3C+8H_2SO_4 \rightarrow 2K_2SO_4 + 2Cr_2(SO_4)_3+3CO_2+8H_2O$$

$$K_2Cr_2O_7+6FeSO_4+7H_2SO_4 \rightarrow K_2SO_4 + Cr_2(SO_4)_3 + 3Fe_2(SO_4)_3 + 7H_2O$$

此法氧化率约为80%,所以测得结果乘以校正系数1.724,即将测得的有机碳乘以校正系数1.724,即为土壤有机质含量。

2. 操作步骤

(1)称取100目风干土样重约0.5 g(记为m,精确至0.0001 g),放入干燥的硬质试管内。

(2)准确加入0.4 mol·L^{-1}(1/6 $K_2Cr_2O_7$-H_2SO_4)溶液10 mL,摇匀。

(3)盖上小漏斗,放入铁丝笼中。

(4)油浴加热至185 ℃~190 ℃,将铁丝笼放入,控制温度在170 ℃~180 ℃,从冒气泡开始计时,加热5 min。

(5)取出铁丝笼,待试管冷却后,将内容物倒入250 mL三角瓶中,用蒸馏水冲洗试管和小漏斗内壁,洗液也倒入三角瓶(共用蒸馏水50~60 mL,分3~4次洗试管,最后三角瓶中溶液体积60~70 mL)中。

(6)在三角瓶中加指示剂(邻菲罗啉),用标准$FeSO_4$溶液滴定,颜色由橙色→灰绿→浅绿→砖红,且保持30 s不变色为终点。

(7)不加土样,用以上方法同时做空白测定。记录空白滴定用$FeSO_4$体积(V_0)。

3. 结果计算

有机质: $C(\%) = \dfrac{(V - V_0) \times N \times 1.1 \times 0.003 \times 1.742}{m} \times 100\%$

式中:C——土壤有机质的百分含量(%);

V——样品滴定用$FeSO_4$体积(mL);

V_0——空白滴定用$FeSO_4$体积(mL);

N——标准$FeSO_4$浓度(mol·L^{-1});

1.1——氧化校正系数;

0.003——碳的毫克当量数(g);

1.724——有机碳换算成有机质的平均换算系数;

m——风干土重(g)。

四、注意事项

(1) 为了使油浴煮沸温度在 170 ℃~180 ℃,放入铁丝笼前油浴应加热至 185 ℃~190 ℃(夏天)或 195 ℃~200 ℃(冬天),从试管内冒大气泡开始计时,煮沸 5 min,计时应准确。反应时由于有 CO_2 放出,溶液可能剧烈上冲,为防止冲出,可以将铁丝笼稍提起,再放下,控制反应程度。

(2) 加热方法可用油浴(植物油),升温均匀,但有污染的可能;或用石蜡油,无污染,但易挥发;或用磷酸,无污染,比较清晰易看,但需用玻璃容器加热;也有用砂浴的,无污染,但受热不均匀。

(3) 对于长期渍水的土壤,由于土壤中含有亚铁,会使测定结果偏高,因为在这种情况下,重铬酸钾不仅氧化有机碳,而且也氧化土壤中的亚铁,需将土磨碎后摊平风干 10 d,使亚铁充分氧化为高铁后再测定。

(4) 在含氯化物的盐渍土中,测定结果也较高,因氯离子被氧化成氯分子。可加入硫酸银 0.1 g,使氯离子沉淀为氯化银,避免氯离子的干扰作用。

(5) 消煮好以后,溶液应为橘黄色或黄中稍带绿色,如为绿色,则 $K_2Cr_2O_7$ 用量不足,需重做。

(6) 邻菲罗啉作指示剂,滴定开始时为橙色,中间应有灰绿色变化过程,最后为棕红色(砖红色)($E = 1.06\ V$)。滴定时溶液酸度有影响,应维持在 $1\ mol \cdot L^{-1}$ (1/2 H_2SO_4)左右,所以消煮溶液稀释体积应为 60~70 mL,不要太浓或过稀。

(7) $FeSO_4$ 溶液在空气中易氧化,所以配好后不要放太长时间,在每次使用前(1~2 d 内)应重新标定浓度。

五、思考题

(1) 重铬酸钾加热法测定土壤有机质的基本原理和主要条件是什么?该法有何优缺点?

(2) 测定土壤有机质含量,对土样有何要求?用 1 mm 土样可否?能否用新鲜土测定?测水稻土有机质应如何处理样品,为什么?

(3) 测定土壤有机质含量时,土样的量和 $K_2Cr_2O_7$–H_2SO_4 溶液的加入量有何要求?

(4) 如果消煮时少量溶液冲出,结果会如何?消煮后试管未洗净,结果会如何?加入土样前试管不干净,少量土沾在试管上,对结果会有什么影响?加热温度只有 165 ℃,结果如何?加热时间超过 5 min,会有什么影响?

(5) 加入指示剂用 $FeSO_4$ 滴定,滴了不到 1 mL,颜色就变为砖红色(一般应用 10 mL 以上),这可能是什么原因造成的?如何改进?

实验四 土壤氮含量的测定

(A)全氮的测定

一、实验目的和意义

土壤中的氮元素可分为有机氮和无机氮,两者之和称为全氮。全氮标志土壤氮素总量和供应植物有效氮素的源和库,综合反映了土壤的氮素状况。

二、仪器和试剂

1. 仪器和用具

分析天平(感量为0.0001 g)、凯氏瓶、电炉、定氮蒸馏器、半微量滴定管、三角瓶(250 mL)、容量瓶(100 mL、1000 mL)、研钵、小漏斗等。

2. 试剂和材料

试剂:

(1)混合催化剂:1 g 硒(Se)粉、10 g $CuSO_4 \cdot 5H_2O$、100 g K_2SO_4 磨细混匀,贮于瓶中。

(2)浓 H_2SO_4(比重1.84)。

(3)40%NaOH:400 g NaOH,加蒸馏水使其充分溶解并定容至1 L。

(4)硼酸吸收液(2%):60 g 硼酸(H_3BO_3)溶于2.5 L蒸馏水中,加60 mL混合指示剂,用0.1 mol NaOH调节pH为4.5~5.0(灰红色),然后加蒸馏水至3 L。

(5)混合指示剂:0.5 g 溴甲酚绿和0.1 g 甲基红,溶于100 mL乙醇。

(6)0.01 $mol \cdot L^{-1}$标准酸(HCl):8.5~9.0 mL浓HCl加入1 L蒸馏水中,混匀。

标定:准确称取硼砂 $Na_2B_4O_7 \cdot 10H_2O$ 1.9068 g,溶解定容为100 mL,此为硼砂溶液。取此液 10 mL,放入三角瓶中,加甲基红指示剂2滴,用所配标准酸滴定由黄色至红色为止,计算酸浓度。

材料:土壤试样。

三、实验方法与步骤

1. 原理

土壤样品用浓 H_2SO_4 及催化剂加热消煮,使各种形态的氮都转化为 NH_4^+ 并与硫酸结合生成硫酸铵,然后加碱蒸馏放出 NH_3,用硼酸将其吸收,并用标准酸滴定,根据酸的用量计算出土壤中全氮含量。

主要反应:

含N化合物+$H_2SO_4 \rightarrow (NH_4)_2SO_4 + CO_2 \uparrow + SO_2 \uparrow + H_2O$

$(NH_4)_2SO_4 + 2NaOH \rightarrow 2NH_3 \uparrow + Na_2SO_4 + 2H_2O$

$NH_3 + H_3BO_3 \rightarrow NH_4 \cdot H_3BO_3$

$NH_4 \cdot H_3BO_3 + HCl \rightarrow NH_4Cl + H_3BO_3$

2. 操作步骤

(1) 称 100 目土样 0.5~1.0 g(记为 m,精确至 0.0001 g),放入凯氏瓶底。加入混合催化剂 2 g,再加入浓 H_2SO_4 10 mL,摇匀。

(2) 在通风柜内加热消煮,至淡蓝色(无黑色)后再消煮 0.5~1 h,取下冷却至室温。

(3) 取 20 mL 硼酸吸收液(2% H_3BO_3) 放入 250 mL 三角瓶中,三角瓶置于定氮蒸馏器冷凝管下,管口浸入吸收液中。

(4) 将凯氏瓶(内有消煮液)接在定氮蒸馏器上,由小漏斗加入 20~25 mL 40% 浓度的 NaOH 溶液,夹紧不使漏气。

(5) 通水冷凝,通蒸气蒸馏 15 min 左右。在临近结束前,使冷凝管口离开吸收液,再蒸馏 2 min,并用纳氏试剂或 pH 试纸检查是否蒸馏完全。如已蒸馏完全,用少量蒸馏水冲洗冷凝管下口,然后取出三角瓶。

(6) 用 0.01 mol·L^{-1} 酸标准溶液滴定,由蓝绿色滴定至紫红色为终点,30 s 内不变色。

3. 结果计算

$$N = \frac{(V - V_0) \times c \times 14 \times 10^{-3} \times 10^3}{m}$$

式中:N——试样中全氮含量(g·kg^{-1});

V——滴定时试样液所用酸标准液的体积(mL);

V_0——滴定时空白所用酸标准液的体积(mL);

c——酸标准溶液的浓度(mol·L^{-1});

14——N 的摩尔质量(g·L^{-1});

m——土样重(g)。

四、注意事项

(1) 土样尽量送入凯氏瓶底部,避免沾在凯氏瓶颈部引起消化不完全,若不小心沾上则用 H_2SO_4 或少量蒸馏水冲入瓶底。

(2) 控制消煮温度,设定为 400 ℃,温度太高会使酸的蒸气到达消化管的顶部而溢出。

(3) 冷凝器承接管下管口必须插入硼酸中以保证吸收完全。

五、思考题

(1) 土样消煮时,加入的各种试剂各起什么作用?

(2) 如何保证消煮完全,使全部氮都转化为 NH_4^+-N?

(3) 在蒸馏过程中,哪些因素可能造成测定结果偏低?

(B) 水解氮的测定

一、实验目的和意义

土壤水解性氮,包括矿质态氮和有机态氮中比较易于分解的部分,在较短的时间内能为植物所吸收利用。它是铵态氮、硝态氮、氨基酸、酰胺和易水解的蛋白质氮的总和。实践证明,其测定结果与饲草氮素吸收有较好的相关性。测定土壤中水解性氮的变化动态,能及时了解土壤肥力,指导施肥。

二、仪器和试剂

1. 仪器和用具

扩散皿、橡皮筋、恒温箱(40 ℃)、分析天平(感量为0.0001 g)、微量滴定管、三角瓶、容量瓶(100 mL、1000 mL、3000 mL)、移液管(5 mL、10 mL)、量筒等。

2. 试剂和材料

试剂:

(1)1 mol·L^{-1} NaOH:称取40 g NaOH,溶于1 L蒸馏水中。

(2)2% H_3BO_3:60 g硼酸(H_3BO_3)溶于2.5 L蒸馏水中,加60 mL混合指示剂,用0.1 mol NaOH调节pH为4.5~5.0(灰红色),然后加蒸馏水至3 L。

(3)0.01 mol·L^{-1}标准酸(HCl):8.5~9 mL浓HCl加入1000 mL蒸馏水中,混匀。

标定:称取硼砂$Na_2B_4O_7·10H_2O$约2 g(精确至0.0001 g),溶解定容为100 mL,此为硼砂溶液。取此液10 mL,放入三角瓶中,加甲基红指示剂2滴,用所配标准酸滴定由黄色至红色为止,计算酸浓度。

(4)碱性甘油:20 g阿拉伯胶粉,加热溶解于100 mL蒸馏水中(80 ℃)。冷却后,加入20 mL甘油,再加入20 mL 40% NaOH溶液,混匀,贮于滴瓶中。

材料:土壤试样。

三、实验方法与步骤

1. 原理

在扩散皿中,用1 mol·L^{-1} NaOH水解土壤,使易水解态氮碱解转化为NH_3,NH_3扩散后由H_3BO_3吸收,用标准酸滴定,计算土壤水解氮含量。

2. 操作方法

(1)称取风干土样约2 g(记为m,精确至0.0001 g),均匀铺于扩散皿外室。

(2)在扩散皿内室加入2 mL 2% H_3BO_3。

(3)在扩散皿边上涂碱性甘油,盖上玻璃片,转动使碱性甘油在四周沾匀。

(4)将玻片推开一小缝,往外室加入1 mol·L^{-1} NaOH 5 mL。

(5)立即盖严玻片,轻轻转动扩散皿,使外室土样与碱液混匀。用橡皮筋将玻片固定住。

(6)扩散皿小心放入40 ℃恒温箱中,放置24 h。

(7)将扩散皿取出,小心转开毛玻璃用0.01 mol·L^{-1}的HCl标准溶液滴定内室的硼酸溶液,边滴定边搅拌,小心以免溢出。颜色由蓝色刚变灰红色即达终点。在样品测定的同时进行空白试验,校正试剂和滴定误差。

3. 结果计算

$$N = \frac{(V-V_0) \times c \times 14 \times 10^3}{m}$$

式中：N——试样中水解氮的含量($mg \cdot kg^{-1}$)；

　　　c——标准酸的浓度($mol \cdot L^{-1}$)；

　　　V——滴定所用标准酸体积(mL)；

　　　V_0——滴定空白消耗酸标准溶液体积(mL)；

　　　14——N 的摩尔质量；

　　　m——土样重(g)。

四、注意事项

(1) 土样用 40 目，均匀散开，必须全部与 NaOH 溶液混匀。

(2) 扩散皿要无缺口，无裂缝，保证扩散过程中不漏气。

(3) 碱性甘油及 NaOH 都不得沾及内室。如有少量沾入，需重做。

(4) 操作中要小心，不得使扩散皿倾斜或剧烈晃动，避免内室 H_3BO_3 溢出，或外室样品和 NaOH 浸入内室。

(5) 为使水解完全，时间应在 24 h 左右，温度 40 ℃；夏天温度在 35 ℃以上时，也可放室内桌上水解，时间稍长。

(6) 滴定时可用小玻棒轻轻搅动内室溶液，但不要摇动扩散皿。

(7) 实验中试剂可能会导致皮肤不适，操作过程中注意皮肤不要与试剂直接接触。

五、思考题

(1) 成功进行水解氮测定的关键技术有哪几点？

(2) 在内室中加入灰红色 H_3BO_3 吸收液，未进行扩散就变为绿色，是什么造成的？如果水解 24 h 后，内室吸收液仍为灰红色，可能的原因有哪些？

(3) 在碱解扩散后，取出扩散皿，发现玻片内挂了不少水珠，这是什么原因引起的？对测定结果有无什么影响？

实验五　土壤磷含量的测定

(A)土壤全磷的测定

一、实验目的和意义

土壤中全磷即土壤中磷的总贮量,包括有机磷和无机磷两大类。土壤中的磷素大部分是以迟效性状态存在的,因此土壤全磷含量并不能作为土壤磷素供应的指标,全磷含量高时并不意味着磷素供应充足,而全磷含量低于某一水平时,可能意味着磷素供应不足。然而对全磷的测定,在农业生产中也具有现实指导意义。

二、仪器和试剂

1. 仪器和用具

分析天平、茂福炉、坩埚、分光光度计、电炉、凯氏瓶、容量瓶、玻璃棒、移液管等。

2. 试剂和材料

试剂:

(1)NaOH、浓 H_2SO_4、$HClO_4$、2,4-二硝基酚、10% Na_2CO_3。

(2)6.5 mol·L^{-1}钼锑贮备液。

①将 180 mL 浓 H_2SO_4 慢慢加入 400 mL 蒸馏水中,冷却。

②将 20 g $(NH_4)_2MoO_4$ 加入 300 mL 蒸馏水中(60 ℃)溶解,冷却。

③0.5 g 酒石酸锑钾溶于 100 mL 蒸馏水。

④将①慢慢加入②中,搅匀;再将③加入,冷却后加蒸馏水至 1 L,贮于棕色瓶中。

(3)钼锑抗溶液(使用当天配):1.5 g 抗坏血酸加入 100 mL 钼锑贮备液中,溶解。

(4)P 标准溶液:KH_2PO_4 在 105 ℃烘 2 h 后。称取 0.4390 g,溶于蒸馏水中,加入 3 mL H_2SO_4,移入 1000 mL 容量瓶,用蒸馏水定容,此为 100 ppm P 标准液。取此液 5 mL 放入 100 mL 容量瓶,用蒸馏水定容,得到 5 ppm P 标准溶液。

材料:土壤样品。

三、实验方法与步骤

(一)NaOH 碱熔——钼锑抗比色法

1. 方法原理

用 NaOH 熔融分解土样,使磷转化为可溶性磷酸盐,制备待测溶液。取待测液在一定酸度条件下与钼锑抗反应生成磷钼杂多酸,其中 Mo^{5+} 被抗坏血酸氧化为 Mo^{6+},生成钼蓝,比色测定可得溶液磷的浓度。

2. 操作步骤

(1)样品处理,待测液制备

①称取 100 目土样约 0.3 g(记为 m,精确至 0.0001 g)。

②用天平称取 2 g NaOH 固体,将其中一半小心放入银坩埚底,铺散开。将土样倒在 NaOH 上,再将剩余的 NaOH 倒在上面。

③先在电炉上加热,去除水分,然后将坩埚放入茂福炉,盖上盖子。逐步升温至 720 ℃ 保持 20 min。

④取出坩埚,用少量蒸馏水溶解熔块(可稍加热),溶液转入 100 mL 容量瓶。多次进行上述操作直至熔块完全溶解。最后用 4 mol·L⁻¹ H_2SO_4 洗坩埚,洗液也转入容量瓶。

⑤加入 10 mL 4 mol·L⁻¹($1/2\ H_2SO_4$),冷却后用蒸馏水定容。澄清或过滤后,可供测定全 P、全 K 使用(可过滤于干净三角瓶中)。

(2)测定

①取待测溶液 5 mL,放入 25 mL 容量瓶中,加蒸馏水约 10 mL。

②加入 2,4-二硝基酚 2 滴,用 10% Na_2CO_3 或 5% H_2SO_4 调节 pH 至出现微黄色为止。

③加入钼锑抗溶液 2.50 mL,摇动去气泡,用蒸馏水定容,放置 15 min 后比色测定,波长 660 nm。由标准曲线上查出溶液 P 浓度(ppm)。

④标准曲线绘制:分别取 5 ppm 磷标准溶液 0、1、2、3、4、5 mL,放入 25 mL 容量瓶中,同②和③进行测定,该标准系列浓度依次为 0、0.2、0.4、0.6、0.8、1.0 ppm。作标准曲线。

3. 结果计算

$$P(g/kg) = \frac{ppm \times 100 \times 25 \times 1000}{m \times 5 \times 10^6} = \frac{ppm \times 0.5}{m}$$

式中:ppm——标准磷溶液浓度(mg·L⁻¹);

　　　m——土样重(g)。

(二)$HClO_4$-H_2SO_4 酸溶——钼锑抗比色法

1. 方法原理

土壤样品用 $HClO_4$-H_2SO_4 消煮,使矿物态和有机态磷都转化为磷酸,然后用钼锑抗比色法测定。

2. 操作步骤

(1)待测液的制备:准确称取通过 100 目筛子的风干土样约 1 g(记为 m,精确至 0.0001 g),置于 50 mL 凯氏瓶中,以少量蒸馏水湿润后,加浓 H_2SO_4 8 mL,摇匀后,再加 $HClO_4$ 10 滴,摇匀,瓶口上加一个小漏斗,置于电炉上加热消煮 20 min,后将冷却的消煮液倒入 100 mL 容量瓶中用蒸馏水冲洗,轻轻摇动,待完全冷却后,加蒸馏水定容。静置过夜,次日小心地吸取上层澄清液进行磷的测定;或者用干的定量滤纸过滤,将滤液接收在 100 mL 干燥的三角瓶中待测定。

(2)测定:吸取澄清液或滤液 5 mL 注入 50 mL 容量瓶中,用蒸馏水稀释至 30 mL,加 2,4-二硝基酚指示剂 2 滴,滴加 4 mol·L⁻¹ NaOH 溶液直至溶液变为黄色,再加 2 mol·L⁻¹ ($1/2\ H_2SO_4$)1 滴,使溶液的黄色刚刚褪去。然后加钼锑抗试剂 5 mL,再加蒸馏水定容 50 mL,

摇匀。30 min 后,用 700 nm 波长进行比色,以空白液的透光率为 100(或吸光度为 0)为对照,读出测定液的透光度或吸收值。

(3)标准曲线的绘制:准确吸取 5 μg·mL^{-1} P 标准溶液 0、1、2、4、6、8、10 mL,分别放入 50 mL 容量瓶中,加蒸馏水至约 30 mL,再加空白试验定容后的消煮液 5 mL,调节溶液 pH 为 3.0,然后加钼锑抗试剂 5 mL,最后用蒸馏水定容至 50 mL。30 min 后进行比色。各瓶比色液磷的浓度分别为 0、0.1、0.2、0.4、0.6、0.8、1.0 μg·mL^{-1}。

(4)同时进行空白试验。

3. 结果计算

$$P(g/kg) = \frac{P(ppm) \times V \times V_2 \times 10^{-3}}{m \times V_1}$$

式中:$P(ppm)$——比色测定后由标准曲线查得浓度(mg·L^{-1});

V——消化液定容体积(mL);

V_1——吸取滤液体积(mL);

V_2——显色溶液体积(mL);

m——土样重(g)。

四、注意事项

(一)NaOH 碱熔——钼锑抗比色法

(1)土样和 NaOH 比例约为 1∶8,土样量多时,NaOH 量应相应增加。称取的土样应放入银坩埚中,为使土样与 NaOH 充分接触反应,将土样尽量散开。也可以将土样放在坩埚底,滴几滴乙醇使土散开,然后盖上 NaOH。

(2)熔融好的样品冷却后表面平滑无气泡,颜色多呈蓝绿色(Mn^{2+} 的颜色),如仍为土黄色或黑色,说明还未熔融好,可以再放入茂福炉在 720 ℃ 熔融 10~20 min。

(3)熔融物不易很快溶解,可以稍加热,但不可煮沸,否则会溅出而损失。每次用 5~10 mL 蒸馏水溶洗,用玻棒搅动加速溶解,多进行几次可全部溶出。也可以在坩埚中加较多蒸馏水,放置过夜则很容易溶解。

(4)加入 1/2H$_2$SO$_4$(4 mol·L^{-1})是为了中和多余的 NaOH,使溶液呈酸性(约 0.3 mol·L^{-1}),让硅沉淀下来。加入 H$_2$SO$_4$ 量应根据所用 NaOH 量多少而加减。

(5)所取待测液体积根据磷含量多少而适当变化,含量低的可取 10 mL,含量高的可取 2 mL,在计算时按实际取用量计算。

(6)钼锑抗应当天配制,冬天时两天内有效,时间长了因抗坏血酸氧化等原因而失效。加入的量要准确,否则显色液酸度等会变化。

(7)加入钼锑抗后,会有 CO$_2$ 气泡放出,必须摇动使气泡放完,再加蒸馏水定容,否则可能有溶液溢出。

(8)定容后放置时间,20 ℃ 以下应放 15 min 以上,20 ℃ 以上只需放 5~10 min 即可显色完全。稳定时间可达 8 h 以上,低温时,尤其是磷浓度较高时,可能会有蓝色沉淀生成,可以稍加温(30 ℃)待蓝色溶解后再比色。

(二)$HClO_4$-H_2SO_4酸溶——钼锑抗比色法

(1)$HClO_4$与有机质作用剧烈,易发生爆炸,所以含有机物多的土壤,可以先用H_2SO_4消化5~10 min,然后再加$HClO_4$消化。

(2)消化好的土样应无黑色或棕色,如不是白色或灰白色,应再加$HClO_4$继续消化。最后应消化到$HClO_4$全部分解。

(3)消化后凯氏瓶中为浓酸,加蒸馏水稀释应小心,瓶口勿对着人。

(4)中和H_2SO_4时用4 mol·L^{-1}NaOH,不用Na_2CO_3溶液。

(5)该法只能分解97%~98%土样,结果比碱熔法低。

(6)最后显色溶液中含磷量在20~30 μg为最佳。控制磷的浓度主要通过称样量或最后显色时吸取待测液的体积。

五、思考题

(一)NaOH碱熔——钼锑抗比色法

(1)用碱熔法处理土样的理由是什么?碱熔处理样品时要注意些什么?如何判断熔融是否成功?

(2)钼蓝法测磷显色反应的适宜酸度是多少?实验中如何来达到这一适宜范围的?

(3)碱熔——钼锑抗比色法测磷在土样称样量、NaOH用量、显色时所取待测液体积、显色剂用量等方面有什么关系及规定?

(二)$HClO_4$-H_2SO_4酸溶——钼锑抗比色法

(1)酸解法消煮土样测磷有何优缺点?消煮操作中应注意什么?

(2)钼锑抗比色法测磷的适用范围是多少?如何使比色溶液磷浓度在此范围内?

(B)速效磷的测定

一、实验目的和意义

速效磷为全磷的一种,是指能为饲草吸收利用的磷,速效磷的含量是土壤磷素供应的指标。通过对土壤磷含量的测定,了解土壤肥力状况,对施肥有着直接的指导意义。

二、仪器和试剂

1. 仪器和用具

塑料杯、往复式振荡机、离心管(100 mL,带塞)、分光光度计、酸度计、无磷滤纸、容量瓶(100 mL)、三角瓶(50 mL、150 mL、250 mL)、移液管(5 mL、10 mL)、分析天平等。

2. 试剂和材料

试剂:

(1)无磷活性炭粉、$NaHCO_3$、氢氧化钠溶液、酒石酸锑钾溶液。

(2)钼锑贮备液:称取10.0 g钼酸铵溶于300 mL约60 ℃蒸馏水中,冷却。另取181 mL浓硫酸缓缓注入800 mL蒸馏水中,搅匀,冷却。然后将稀释后的硫酸注入钼酸铵溶液中,搅匀,冷却。再加入 100 mL 3 g·L^{-1} 酒石酸锑钾溶液,最后用蒸馏水稀释至 2 L,盛于棕色瓶中备用。

(3)钼锑抗显色剂:称取 0.5 g 抗坏血酸溶于 100 mL 钼锑贮备液中。该显色剂不能长期有效,需临时配制。

(4)磷标准贮备液(100 mg·mL^{-1})应在冰箱中长期保存。

(5)磷标准溶液(5 mg·mL^{-1}):吸取 5.00 mL 磷标准贮备液于 100 mL 容量瓶中,定容。应用时现配。

材料:土壤试样。

三、实验方法与步骤

1. 原理

酸性土壤中的磷主要是以 Fe-P、Al-P 的形态存在,利用氟离子在酸性溶液中络合 Fe^{3+} 和 Al^{3+} 的能力,可使这类土壤中比较活性的磷酸铁铝盐被陆续活化释放,同时由于 H^+ 的作用,也能溶解出部分活性较大的 Ca-P,然后用钼锑抗比色法进行测定。

2. 操作步骤

(1)称样:称取通过 2 mm 孔径筛的风干样品约 2.5 g(记为 m,精确至 0.0001 g),置于 250 mL 三角瓶中,加入约 1 g 无磷活性炭。

(2)浸提:加入 25 ℃ ± 1 ℃ 的 $NaHCO_3$ 浸提剂 50.0 mL,摇匀,在 25 ℃ ± 1 ℃ 温度下,于振荡机上用(180 ± 20)r/min 的频率振荡(30 ± 1)min,立即用无磷滤纸过滤于干燥的 150 mL 三角瓶中。

(3)比色:吸取滤液 5.00 mL 于 25 mL 比色管中,缓慢加入显色剂 5.00 mL,慢慢摇动,排出 CO_2 后加蒸馏水定容至刻度,充分摇匀。在室温高于 20 ℃ 处放置 30 min,用 1 cm 光径比色皿在波长 700 nm 处比色,测量吸光度。

(4)同时做两个空白试验(除不加试样外,其余步骤相同)。

(5)标准曲线的绘制:分别吸取磷标准溶液(5 mg·mL^{-1})0、0.50、1.00、1.50、2.00、2.50、3.00 mL 于 25 mL 比色管中,加入浸提剂 10.00 mL,显色剂 5 mL,慢慢摇动,排出 CO_2 后加蒸馏水定容至刻度。此系列溶液中磷的浓度依次为 0.00、0.10、0.20、0.30、0.40、0.50、0.60 mg·mL^{-1}。在室温高于 20 ℃ 处放置 30 min 后,按上述样品待测液分析步骤的条件进行比色,测量吸光值,绘制标准曲线。

3. 结果计算

有效磷:$P = \dfrac{p \times V \times D}{m}$

式中:p——由标准曲线查得 P 的浓度(μg·mL^{-1});

V——显色液体积(25 mL);

D——分取倍数;

m——风干试样质量(g)。

四、注意事项

(1)称土样量可为5 g,这时提取液NaHCO$_3$用量为100 mL,即土液比必须保持1:20。

(2)活性炭应无磷,新买来的活性炭大多数都含许多磷,必须除磷处理后才能用。由于活性炭对磷有吸附作用,虽然在NaHCO$_3$溶液中HCO$_3^-$会抑制对PO$_4^{3-}$的吸附,但仍应注意活性炭用量不可太多,否则会使结果偏低。

(3)温度对提取的磷量有影响,所以尽可能在20 ℃~25 ℃温度时提取,同一批样品应在同一温度下提取测定。

(4)振荡时间长短也会影响提取量,所以统一振荡时间为30 min。振荡后立即过滤,不要长时间放置。

(5)中和时为防止溶液喷出,要在CO$_2$放完后再加钼锑抗试剂和定容,否则还会再放出CO$_2$而使溶液溢出。

五、思考题

(1)中性、石灰性土壤为什么用pH=8.5的NaHCO$_3$溶液来提取速效磷?

(2)振荡提取过程中哪些因素会影响提取量?

(3)活性炭在提取过程中的作用及使用注意事项。

(4)在选择和调节显色溶液的酸度方面应如何做较好?

实验六 土壤钾含量的测定

(A)全钾的测定

一、实验目的和意义

土壤中全钾即为土壤中钾素的总量。土壤全钾含量的大小虽然不能直接反映土壤的供钾能力,却能反映土壤潜在的供钾能力。一般而言,全钾含量较高的土壤,其缓效钾和速效钾的含量也相对较高。因此,土壤全钾含量对了解土壤的供钾能力以及合理分配和施用钾肥具有十分重要的意义。

二、仪器和试剂

1. 仪器和用具

银坩埚、火焰光度计、容量瓶(25 mL、100 mL)、电炉、茂福炉、分析天平(感量为0.0001 g)等。

2. 试剂和材料

试剂:

(1)NaOH固体

(2)钾标准溶液:称0.1907 g KCl(110 ℃烘2 h),放入100 mL容量瓶,用蒸馏水溶解,定容,即为1000 ppm K^+溶液,贮于塑料瓶中。取10 mL此溶液,放入100 mL容量瓶,稀释为100 ppm溶液,再分别稀释为50、40、30、20、10、5 ppm的K^+溶液。

材料:土壤试样。

三、实验方法与步骤

1. 方法原理

用NaOH碱熔法分解土样,制备待测液,用火焰光度法测土壤全钾量。

2. 操作步骤

(1)称取100目土样约0.3 g(记为m,精确至0.0001 g)。

(2)用天平取2 g NaOH固体,将其中一半小心放入银坩埚底,并铺散开。将土样倒在NaOH上,再将剩下的NaOH倒在上面。

(3)先在电炉上加热,去除水分,然后将银坩埚放入茂福炉,盖上盖子。逐步升温至720 ℃保持20 min。

(4)取出坩埚,用少量蒸馏水溶解熔块(可稍加热),溶液转入100 mL容量瓶。多次进行上述操作直至熔块完全溶解。最后用4 mol·L^{-1} H_2SO_4洗坩埚,洗液也转入容量瓶。

(5)加入10 mL 4 mol·L^{-1}(1/2 H_2SO_4),取样品溶液(上清液或滤液)5 mL,放入25 mL容量瓶,冷却后用蒸馏水定容。

(6)稀释液倒入小烧杯中,与标准溶液一同在火焰光度计上测定,读取溶液浓度(ppm)。

3. 结果计算

$$K(\text{g/kg}) = \frac{ppm \times 100 \times 5 \times 10^3}{m \times 5}$$

式中：K——土壤全K含量$(\text{g} \cdot \text{kg}^{-1})$；

ppm——由标准曲线查得样品K溶液浓度$(\text{mg} \cdot \text{L}^{-1})$；

m——土样重(g)；

100——土样熔融后定容体积(mL)；

5——取土样溶液体积(mL)；

25——测定溶液体积(mL)。

四、注意事项

(1)样品处理注意事项同土壤全磷测定注意事项。

(2)测定溶液稀释倍数视土样含钾量而异,如含量高,可取2 mL溶液稀释为25 mL,计算时代入相应数据。

(3)为防止溶液中有微小土粒堵塞火焰光度计管道,应取澄清的样品溶液稀释,如溶液不清,应过滤后再取滤液稀释。

(4)为使标准溶液与样品溶液条件一致,可在配制K^+标准溶液时加入与样品溶液相当量的空白程度,即取2 g NaOH不加土样,同样熔融和溶解、中和、定容为100 mL,然后在配标准系列溶液时,每份同样取空白液5 mL(与样品溶液同量),再定容。

五、思考题

(1)为了使标准溶液介质条件与样品溶液相近,可以采取哪些措施?

(2)土壤全钾测定样品处理时,为了使土样分解完全和减少污染的可能,应该注意些什么?

(3)火焰光度法测钾的适宜范围一般为多少? 如何使测定溶液全钾量在此范围内?

(B)速效钾的测定

一、实验目的和意义

速效钾为全钾的一部分,通常土壤中存在水溶性钾和交换性钾,因为这部分钾能很快地被植物吸收利用,故称为速效钾。为了判断土壤钾供应情况以及确定是否需用钾肥及其施用量,土壤速效钾的测定是很有意义的。

二、仪器和试剂

1. 仪器和用具

火焰光度计、振荡机、酸度计、三角瓶(100 mL)、容量瓶(50 mL)等。

2. 试剂和材料

试剂：

(1)1 mol·L^{-1} NH$_4$Ac：称取约150 g(精确至0.001 g)NH$_4$Ac,溶于1800 mL蒸馏水,酸度计

测量 pH,慢慢加入 NH_4OH 或 HAc,调节溶液 pH 至 7.0,然后加蒸馏水至 2000 mL。

(2)钾标准溶液 C(K):称取 0.1907 g KCl(分析纯,110 ℃烘干 2 h)溶于 1 mol·L^{-1} NH_4Ac 溶液中,并用此溶液定容至 1 L,其 C_K = 100 mg·L^{-1}。

用时准确吸取 100 mg·L^{-1} 标准溶液 0、1、2.5、5、10、20 mL,分别放入 50 mL 容量瓶中,用 1 mol·L^{-1} NH_4Ac 溶液定容,即得 0、2、5、10、20、40 mg·L^{-1} K 标准系列溶液,于塑料瓶中保存。

材料:土壤试样。

三、实验方法与步骤

1. 方法原理

用 1 mol·L^{-1} 中性 NH_4Ac 溶液浸提土壤速效钾,用火焰光度法测定。

2. 操作步骤

(1)称取通过 1 mm 孔筛的风干土样约 5 g(记为 m,精确至 0.0001 g),放入 100 mL 三角瓶中,加入 1 mol·L^{-1} 中性 NH_4Ac 溶液 50.0 mL,塞紧橡皮塞,常温下振荡 30 min,取出,过滤于小烧杯中,直接在火焰光度计上测定。

(2)标准曲线的绘制:分别吸取浓度为 100 mg·L^{-1} 的钾标准溶液:0.00、3.00、6.00、9.00、12.00、15.00 mL 于 50 mL 容量瓶中,定容,即浓度 C_1(NH_4Ac)0、6、12、18、24、30 mg·L^{-1} 的系列钾标准溶液。以钾浓度为 0 的溶液调节仪器零点,在火焰光度计上测定。

3. 结果计算

$$W = \frac{C_1 \cdot V}{m}$$

式中:W——速效钾含量(mg·kg^{-1});

C_1——待测液中钾的浓度数值(μg·mL^{-1});

V——浸提液体积(mL);

m——试样的质量(g)。

取平行测定结果的算术平均值为测定结果,结果取整数。

四、注意事项

(1)取土样重量和浸提液的量可以变动,但二者的比例必须为 1:10,振荡时间也必须固定为 30 min,否则对结果有较大影响。

(2)用 1 mol·L^{-1} NH_4Ac 溶液配制钾标准溶液,以便使标准液与样品提取液介质条件相近,注意 NH_4Ac 溶液不宜久放,尤其是在气温较高条件下,否则易长霉,影响测定结果。

五、思考题

(1)为什么常用 1 mol·L^{-1} NH_4Ac 作土壤速效钾提取剂?浸提条件是什么?

(2)土壤速效钾测定结果应用指标和注意点是什么?

实验七　土壤酸碱度的测定

一、实验目的和意义

土壤pH对土壤肥力及植物生长影响很大,是土壤的基本性质之一。它直接影响土壤养分的存在状态、转化和有效性,从而影响植物的生长发育。土壤pH易于测定,常用作土壤分类、利用、管理和改良的重要参考。同时在土壤理化分析中,土壤pH与很多项目的分析方法和分析结果有密切关系,因而是审查其他项目结果的一个依据。

二、仪器和试剂

1. 仪器和用具

酸度计、烧杯、玻璃棒、容量瓶(250 mL、1000 mL)、电子天平等。

2. 试剂和材料

试剂:

(1) pH=4.01标准缓冲液:市售或自配。自配方法:邻苯二甲酸氢钾在105 ℃~110 ℃烘1 h,冷却后称取约2.5 g,用蒸馏水溶解定容至250 mL。

(2) pH=6.86标准缓冲液:Na_2HPO_4和KH_2PO_4分别在110 ℃~120 ℃烘干2 h,冷却后,取Na_2HPO_4 3.53 g、KH_2PO_4 3.39 g溶解并定容为1 L。

(3) pH=9.18标准缓冲液:3.80 g $Na_2B_4O_7 \cdot 10 H_2O$溶于蒸馏水,定容至1000 mL。

材料:土壤试样。

三、实验方法与步骤

1. 方法原理

以电位法测定土壤悬液pH,通常用pH玻璃电极为指示电极,甘汞电极为参比电极。此二电极插入待测液时构成一电池反应,其间产生一电位差,因参比电极的电位是固定的,故此电位差的大小取决于待测液的H^+离子活度或其负对数pH。

2. 操作步骤

(1) 酸度计接上电源,预热,装上pH玻璃电极和甘汞电极(或用复合电极)。

(2) 用小烧杯分别取pH=4.01和pH=6.86(或pH=9.18和pH=6.86)的标准溶液,先用一种标准溶液定位,再用第二种标准溶液检查,允许偏差应小于0.02 pH。

(3) 取10 g风干土样,放入小烧杯中,加25 mL蒸馏水,剧烈搅拌1~2 min,放置30 min,在酸度计上测定pH。

四、注意事项

(1) 玻璃电极易碎,使用时务必小心操作,用完后洗净保存于水中。如长期不用,应干燥保存。

(2) 土水比可用1∶1,1∶2.5,或1∶5,比例大则测得pH值高,所以应固定比例以便比较,1∶1

土水比可得较好结果,但溶液过少,不便测量操作。

(3)平衡时间有一定影响,完全平衡要0.5~1 h,但5 min后已基本趋于平衡,可以测定。

(4)电极在悬浊液中位置对测定值有影响,是否搅动也有影响,所以应控制测定条件一致。一般可将玻璃电极接触到泥糊层,而甘汞电极在清液层,不搅动测定,读数可以稳定。

(5)如用新鲜土样,应考虑水分含量,适当减少加入水的量,使土水比适宜。

五、思考题

(1)酸度计使用的方法和注意事项。

(2)土壤pH测定中哪些因素会影响测定结果? 如何做才能获得稳定的结果?

参考文献:

[1] 罗富成等主编. 草业科学实践教学指导书. 昆明:云南科技出版社,2008

[2] 任继周. 草业科学研究方法. 北京:中国农业出版社,1998

[3] 农业行业标准出版中心. 最新中国农业行业标准. 北京:中国农业出版社,2011

[4] 中国科学院南京土壤研究所编. 中国土壤. 北京:科学出版社,1978

[5] 林大仪主编. 土壤学. 北京:中国林业出版社,2011

[6] 林大仪主编. 土壤学实验指导. 北京:中国林业出版社,2004

[7] 黄昌勇等主编. 土壤学. 北京:中国农业出版社,2010

[8] 中国科学院土壤研究所编. 土壤理化分析. 上海:上海科学技术出版社,1978

[9] 南京农学院主编.土壤农化分析. 中国农业出版社. 北京:1980

[10] (苏)B.A.柯夫达著. 土壤学原理(下). 北京:科学出版社,1981

[11] 中国科学院南京土壤研究所微量元素组编著. 土壤和植物中微量元素分析方法. 北京:科学出版社,1979

[12] 夏荣基等译. 土壤有机质研究. 北京:科学出版社,1982

[13] 戴朱衡等编. 土壤和土壤化学分析. 上海: 上海教育出版社,1984

[14] 李春鸣. 土壤样品的采集和处理. 西北民族大学学报,2003

[15] 梁红. 环境监测. 武汉:武汉理工大学出版社,2003

[16] 韩庆之. 环境监测. 北京:中国地质大学出版社,2005

第二部分 饲草生理

实验八 饲草含水量的测定

一、实验目的和意义

水是饲草的重要组成部分,饲草组织含水量是评定饲草生理状态的一个指标。缺水导致饲草几乎所有的生理过程都会受到影响。气孔关闭,进而蒸腾作用减小,影响二氧化碳的吸收;光合作用减弱;呼吸作用受到一定影响;根对营养的吸收也会受到一定影响。因此,对饲草含水量的测定,能一定程度掌握饲草含水情况,并及时采取措施对饲草进行补水。

通过本实验,学习和掌握饲草含水量测定的原理和方法,了解常见饲草的含水量。

二、材料和用具

(1)仪器和用具:分析天平、干燥器、烘箱、称量瓶、坩埚钳等。

(2)材料:新鲜饲草叶片。

三、实验方法与步骤

1. 原理

利用水遇热蒸发为水蒸气的原理,可用加热烘干法来测定植物组织中的含水量。植物组织含水量的表示方法,常以鲜重、干重、自然含水量和相对含水量来表示。

2. 方法步骤

(1)自然含水量的测定

①铝盒称重:将洗净的铝盒编号,置于105 ℃恒温烘箱中,烘2 h左右,用坩埚钳取出放入干燥器中冷却至室温后,在分析天平上称重,再于烘箱中烘2 h,同样于干燥器中冷却称重,如此重复2次(2次称重的误差不得超过0.002 g),求得铝盒平均重m_1,将铝盒放入干燥器中待用。

②将待测饲草材料(如叶子等)从植株上取下后迅速剪成小块,装入已知重量的铝盒中盖好,在分析天平上准确称取重量,得铝盒与鲜样品总重量(记为m_2,精确至0.0001 g),然后于105 ℃烘箱中干燥4~6 h(打开铝盒盖子)。取出铝盒,待其温度降至60 ℃~70 ℃后用坩埚钳将铝盒盖子盖上,放在干燥器中冷却至室温,再用分析天平称重,然后再放到烘箱中烘2 h,在干燥器中冷却至室温,再称重,这样重复几次,直至恒重为止。称得铝盒与干样品总重量

（记为m_3，精确至0.0001 g）。每份材料3个重复。

(2)相对含水量（饱和含水量）的测定

①将新鲜的饲草组织，称取2份约0.5 g（记为m_4，精确至0.0001 g），迅速剪成小块。

②一份置于105 ℃烘箱中干燥4~6 h，取出称重，放于干燥器内冷却至室温，然后再放于烘箱中烘烤2 h，称至恒重（记为m_5，精确至0.0001 g），3次重复。

③一份放入蒸馏水中浸泡1~2 h，取出用吸水纸吸去表面的水分，立即放于已知重量的铝盒中称重，再浸入蒸馏水中一段时间后取出吸干外面水分，再称重，直至恒重（记为m_t，精确至0.0001 g），3次重复。

3. 计算

(1)自然含水量

饲草鲜重：$m_f = m_2 - m_1$

饲草干重：$m_d = m_3 - m_1$

饲草自然含水量：$W\% = (1 - \dfrac{m_3 - m_1}{m_2 - m_1}) \times 100\%$

式中：W——饲草初水含量(%)；

m_1——称量瓶重(g)；

m_2——烘干前称量瓶重+样品鲜重(g)；

m_3——烘干后称量瓶重+样品鲜重(g)；

m_f——样品鲜重(g)；

m_d——样品干重(g)。

(2)相对含水量

$W_1\% = \dfrac{m_4 - m_5}{m_t - m_5} \times 100\%$

式中：W_1——饲草相对含水量(%)；

m_4——称量鲜重(g)；

m_5——饲草干重(g)；

m_t——饲草饱和鲜重(g)。

四、注意事项

(1)烘干时注意防止饲草材料焦化。

(2)幼嫩组织，可先用100 ℃~105 ℃杀死组织后，再在60 ℃~70 ℃下烘至恒重。

五、思考题

(1)饲草中器官和采集时间的不同，其含水量有所不同，在试验过程中应怎样选择？

(2)测定相对含水量时，饲草材料在蒸馏水中浸泡时间过短或过长会出现什么问题？

(3)除上述方法可测定饲草的含水量外，还有什么简单易行的方法可测定？

实验九 饲草细胞质膜透性的测定

一、实验目的和意义

逆境条件下饲草植物细胞的膜系统首先受到伤害,细胞膜透性增大,内容物外渗,若将受伤害的组织浸入去离子水中,其外渗液中电解质的含量比正常组织外溶液中含量高。在电解质外渗的同时,细胞内可溶性有机物也随之渗出,引起外渗液中可溶性糖、氨基酸、核氨酸等含量的增加。因此,细胞膜透性的变化反映了外部不良环境对饲草植物细胞的伤害程度,同时细胞膜在逆境下的稳定性也反映了饲草抗逆性的高低。

通过本实验学习掌握饲草细胞质膜透性的测定方法。

二、仪器和试剂

1. 仪器和用具

电导仪、真空干燥器、打孔器、电子天平、移液管、滤纸、真空泵、恒温水浴锅、剪刀、试管、玻璃棒等。

2. 试剂和材料

试剂:去离子水;

材料:各种饲草叶片。

三、实验方法与步骤

1. 原理

植物细胞的细胞质由一层质膜包围着,这种质膜具有选择透性的独特功能。植物细胞与外界环境之间发生的一切物质交换都必须通过质膜进行。各种不良环境因素对细胞的影响往往首先作用于这层由类脂和蛋白质所构成的生物膜。如极端的温度、干旱、盐渍、重金属离子(如Cd^{2+}等)和大气污染物(如SO_2、HF、O_3)等都会使质膜受到不同程度的损伤,其表现往往为细胞膜透性增大,细胞内部分电解质外渗,外液电导率增大。该变化可用电导仪测定出来。细胞膜透性变得越大,表示受害越重,抗性越弱,反之则抗性越强。

2. 方法步骤

(1)清洗器具:所用玻璃仪器先用热肥皂水洗涤,然后以蒸馏水、去离子水各冲洗四到五遍(最好是容器口朝下冲洗)。向洗净的试管中加入去离子水,用电导仪测定电导值,检查试管是否确实洗净。

(2)取样及处理:选取饲草一定叶位和叶龄的功能叶片,一份放入水中作为对照,另一份放入40 ℃烘箱中或其他胁迫条件下使其萎蔫,作为处理。用蒸馏水洗去表面灰尘,再用去离子水冲洗一次,用干净纱布擦去水分。将叶片卷起,剪取0.5 cm长的片段12个(或用打孔器打取12个叶圆片),放入试管内,然后加入10 mL去离子水。对照和处理均设3个重复。

(3)将试管放入真空干燥器内,开动真空泵抽气10 min,以抽出细胞间隙空气。缓慢放入空气,水即渗入细胞间隙,叶片变成半透明状。取出试管,间隔2~3 min震荡一次,室温下保持30 min。

(4)外渗液电导率测定:电导仪电极插入外渗液,测定其电导值(L_1)。测定之后,将试管放入沸水浴稍加热3 min。待冷至室温后,再次测定外渗液的电导值(L_2)。

3. 计算

以细胞膜相对透性大小表示细胞受害的程度:

$$T = \frac{L_1}{L_2} \times 100\%$$

式中:T——细胞膜相对透性;

L_1——叶片杀死前外渗液电导值;

L_2——叶片杀死后外渗液电导值。

四、注意事项

(1)电导率变化非常灵敏,稍有杂质即产生很大误差。因此仪器清洗是否彻底对结果影响较大。

(2)材料细胞间隙空气排除情况直接影响电解质外渗速率,所以应仔细把握材料抽气环节,一定要彻底排除细胞间隙空气。

(3)5 min煮沸杀死植物组织后,浸出液会有所减少,应于冷却后加入适量去离子水,以补足原有浸出液体积。

(4)温度变化对电导率有一定影响,材料杀死前后溶液电导率测定应保持在同一温度为宜。

(5)切割或打取植物材料时,应使用锋利的刀具、打孔器,以避免组织机械损伤所引起的人为误差。

五、思考题

(1)电导率的大小与什么有关?

(2)当不知被测溶液的电导率范围时,应如何选择测量档次,为什么?

(3)用电导率测定法对细胞膜透性进行测定时是否可用纯净的盐溶液如NaCl溶液作标准曲线?

实验十　饲草丙二醛的测定

一、实验目的和意义

饲草在不良环境胁迫或衰老条件下会发生膜脂的过氧化作用,过氧化作用可以产生二烯轭合物、乙烷、脂质过氧化物和丙二醛(MDA)等。丙二醛作为膜脂过氧化产物之一,其浓度表示脂质过氧化程度和膜系统伤害的程度。因此,测定丙二醛含量可作为饲草逆境重要的生理指标之一。

二、仪器和试剂

1. 仪器和用具

分光光度计、离心机、水浴锅、研钵、带塞试管等。

2. 试剂和材料

试剂:

(1) $0.05\ mol \cdot L^{-1}$ pH=7.8 的磷酸缓冲液;

(2) 10%三氯乙酸(TCA)溶液:称 10 g 三氯乙酸,用蒸馏水溶解定容至 100 mL;

(3) 0.5%硫代巴比妥酸(TBA)溶液:称 0.5 g 硫代巴比妥酸,用 10% TCA 溶解并定容至 100 mL。

材料:各种饲草叶片。

三、实验方法与步骤

1. 原理

丙二醛在酸性或者高温的条件下,可以与硫代巴比妥酸(TBA)反应生成红棕色的三甲川(3,5,5-三甲基恶唑 2,4-二酮)。该产物在 532 nm 具有最大光吸收,在 600 nm 处有最小光吸收。植物组织中可溶性糖与 TBA 显色反应产物在 450 nm 处也有一定光吸收。

2. 方法步骤

(1)丙二醛的提取:取约 0.5 g(记为 m,精确至 0.0001 g)植物样品,先加 10% TCA 2.0 mL 研磨,匀浆后再加入 3 mL TCA 进一步研磨,研磨后所得匀浆在 3000 $r \cdot min^{-1}$ 下离心 10 min,上清液为样品提取液。

(2)丙二醛含量的测定:取上清液 2.0 mL 于带塞试管中(3 个重复),加入 0.5% TBA 溶液 2.0 mL,混合后于沸水浴中反应 20 min,迅速冷却后离心。上清液分别于 532 nm、600 nm 及 450 nm 波长下测定 OD 值,对照管以 2.0 mL 蒸馏水代替提取液。

3. 计算

$$MDA(m\ mol \cdot g^{-1}) = \frac{[6.425 \times (OD_{532} - OD_{600}) - 0.559 \times OD_{450}] \times V_t}{V_s \times m}$$

式中:OD_{532}、OD_{600}、OD_{450}——532 nm、600 nm、450 nm 波长下的光密度;

　　　V_t——提取液总体积(mL);

V_s——测定用提取液体积(mL);

m——样品鲜重(g)。

四、注意事项

(1)低浓度的Fe^{3+}能增强MDA与TBA的显色反应,当植物组织中Fe^{3+}浓度过低时应补充Fe^{3+}(最终浓度为0.5 mol·L^{-1})。

(2)如待测液浑浊,可适当增加离心力及时间,最好使用低温离心机离心。

五、思考题

(1)为什么饲草在逆境胁迫下组织体内会积累自由基?

(2)不同饲草材料在同一逆境下,丙二醛含量变化不同,说明了什么?

实验十一　饲草可溶性糖的测定

一、实验目的和意义

糖为生物界分布最广、含量最多的有机化合物,它是许多粮食作物和糖用植物的重要组成部分,在植物体内可以充当能量的储存、转移的介质、结构物质和功能分子,也可以维持一定的渗透压。可溶性糖是饲草体内重要的有机物质之一,与饲草体内有机质的转化、种子品质形成、饲草的抗逆性以及青贮发酵等有密切的关系。

通过本实验学习掌握蒽酮比色法测定可溶性糖的原理及方法。

二、仪器和试剂

1. 仪器和用具

分光光度计、恒温水箱、试管、漏斗、100 mL容量瓶、试管架、剪刀、研钵等。

2. 试剂和材料

试剂:

(1) 200 $\mu g \cdot mL^{-1}$标准葡萄糖:葡萄糖100 mg,蒸馏水溶解,定容至500 mL;

(2) 蒽酮试剂:1 g蒽酮,用乙酸乙酯溶解,定容至50 mL,棕色瓶避光处贮藏;

(3) 浓硫酸。

材料:饲草叶片。

三、实验方法与步骤

1. 原理

蒽酮比色法是测定可溶性糖含量的方法之一。糖在硫酸作用下生成糠醛,糠醛脱水成环,形成糠醛衍生物,再与蒽酮作用形成绿色络合物,此物质颜色的深浅与糖含量有关,在620 nm波长下有最大光吸收,且其OD值与糖含量成正比。

2. 操作步骤

(1) 绘制标准曲线:取6支20 mL带塞试管,编号,按表2-1数据配制一系列不同浓度的标准葡萄糖溶液。在每管中均加入0.5 mL蒽酮试剂,再缓慢地加入5 mL浓H_2SO_4,摇匀后,打开试管塞,置沸水浴中煮沸10 min,取出冷却至室温,在620 nm波长下比色,测各管溶液的光密度值(OD),以标准葡萄糖含量为横坐标,光密度值为纵坐标,作出标准曲线。

表2-1　蒽酮法测可溶性糖标准曲线及样品试剂量

管号	1	2	3	4	5	6
标准葡萄糖原液(mL)(200 $\mu g \cdot mL^{-1}$)	0	0.2	0.4	0.6	0.8	1.0
蒸馏水	2.0	1.8	1.6	1.4	1.2	1.0
葡萄糖含量	0	40	80	120	160	200

(2)可溶性糖的提取

称取约 1 g(记为 m,精确至 0.0001 g)饲草叶片,剪碎,置于研钵中,加入少量蒸馏水,研磨成匀浆,然后转入 20 mL 刻度试管中,用 10 mL 蒸馏水分次洗涤研钵,洗液一并转入刻度试管中。置沸水浴中加盖煮沸 10 min,冷却后过滤,滤液收集于 100 mL 容量瓶中,用蒸馏水定容至刻度,摇匀备用。

(3)可溶性糖含量测定

用移液管吸收 1 mL 提取液(可做 3 个重复)于 20 mL 带塞刻度试管中,加 1 mL 蒸馏水和 0.5 mL 蒽酮试剂。再缓慢加入 5 mL 浓 H_2SO_4,盖上试管塞后,轻轻摇匀,再置沸水浴中 10 min(比色空白用 2 mL 蒸馏水与 0.5 mL 蒽酮试剂混合,并一同于沸水浴保温 10 min)。取出冷却至室温后,在波长 620 nm 下比色,记录光密度值。查标准曲线上得知对应的可溶性糖含量(μg)。

3. 计算

$$P(\%) = \frac{C \times D \times V_1}{V_2 \times m \times 10^6} \times 100\%$$

式中:P——试样含糖量(%);

C——在标准曲线上查出的糖含量(μg);

V_1——提取液总体积(mL);

V_2——测定时取用体积(mL);

D——稀释倍数;

m——样品重量(g);

10^6——样品重量单位由 g 换算成 μg 的倍数。

四、注意事项

(1)加浓 H_2SO_4 时应缓慢加入,以免产生大量热量而暴沸,灼伤皮肤,如出现上述情况,应迅速用自来水冲洗。

(2)水浴加热时应打开试管塞。

(3)由于蒽酮试剂与糖反应的呈色强度随时间变化而变化,故必须在反应后立即比色。

(4)所有样品测定必须重复 3 次以上。

五、思考题

(1)实验材料应该用新鲜组织还是烘干组织,为什么?

(2)为什么要用浓硫酸溶液提取可溶性总糖?

实验十二　饲草脯氨酸的测定

一、实验目的和意义

脯氨酸(Pro)是植物蛋白质的组分之一,可以游离状态广泛存在于植物体中。脯氨酸在植物的渗透调节中起到至关重要的作用,而且即使在含水量很低的细胞内,脯氨酸溶液仍能提供足够的自由水,以维持正常的生命活动。在干旱、盐渍等胁迫条件下,许多植物体内游离脯氨酸大量积累,积累的脯氨酸除了作为植物细胞质内渗透调节物质外,还在稳定生物大分子结构、降低细胞酸性、解除氨毒以及作为能量库调节细胞氧化还原势等方面起重要作用。因此,常以脯氨酸含量作为植物多种抗逆性的指标。

本实验要求掌握饲草内游离脯氨酸提取及含量测定的方法,了解饲草在逆境下脯氨酸含量的变化规律。

二、仪器和试剂

1. 仪器和用具

分光光度计、研钵、烧杯、容量瓶、大试管、刻度试管、移液管、注射器、水浴锅、漏斗、漏斗架、滤纸、剪刀、离心管等。

2. 试剂和材料

试剂:

(1) 80%乙醇、人造沸石、活性炭、冰醋酸、甲苯。

(2) 酸性茚三酮溶液:将2.5 g茚三酮溶于60 mL冰醋酸和40 mL 6 mol·L^{-1}磷酸中,搅拌加热(70 ℃)溶解,试剂至少在24 h内稳定,贮存于冰箱中。

(3) 脯氨酸标准液:准确称取25 mg脯氨酸溶于少量80%乙醇中,再用蒸馏水定容至250 mL,其浓度为100 μg·mL^{-1}。再取此液10 mL,用蒸馏水稀释至100 mL,即成10 μg·mL^{-1}的脯氨酸标准液。

材料:饲草幼苗。

三、实验方法与步骤

1. 原理

植物体内脯氨酸的含量可用酸性茚三酮法测定。在酸性条件下,脯氨酸和茚三酮反应生成稳定的有色产物。该产物在515 nm处有最大吸收峰,其色度与含量正相关。此反应中有一些干扰氨基酸,如甘氨酸、谷氨酸、天冬氨酸、丙氨酸、蛋氨酸、胱氨酸、苯丙氨酸、精氨酸等,可用人造沸石除去。

2. 方法步骤

(1) 标准曲线的绘制:分别吸取脯氨酸原液(10 μg·mL^{-1})0、0.2、0.4、0.8、1.2、1.6、2.0 mL放入7支具塞刻度试管中,分别加入蒸馏水至2 mL,其脯氨酸含量分别为0、2、4、8、12、16、20 μg。

分别向以上试管中加入冰醋酸 2 mL,茚三酮试剂 2 mL,混匀后加玻璃球塞,在沸水浴中加热 15 min。冷却后向各试管准确加入 5 mL 甲苯,充分摇匀萃取,避光静置待完全分层,用吸管吸取甲苯层于比色皿中,用分光光度计于波长 515 nm 下测定吸光度值,以零浓度为空白对照。将测定结果以脯氨酸浓度为横坐标,以吸光度为纵坐标做标准曲线。

(2)植株样品液的提取:

①乙醇提取:选取饲草功能叶片约 2 g(记为 m,精确至 0.0001 g)剪碎,用 3 mL 80%乙醇研磨(放少许石英砂)成浆状。将匀浆转入大试管,用 80%乙醇洗研钵,将提取液和洗液置于试管中。用 80%乙醇定容至 10 mL 左右,摇匀,加塞,置于黑暗中室温下提取 24 h,然后在 80 ℃恒温水浴中提取 20 min。同时,称一份等重样品烘干,测定样品干重。

②将提取液在放有活性炭的滤纸上进行过滤,重复过滤一次,除去色素和残渣。将滤液置于试管中,加其重量 20%的人造沸石强烈振荡 5 min。将上层液在离心机上离心 10 min,上清液备用。

(3)样品溶液的测定:取 2 mL 提取液置于试管中(可做 3 个重复),再加入 2 mL 冰醋酸和 2 mL 茚三酮试剂,加盖密封,在沸水浴中加热 15 min。冷却后各加 5 mL 甲苯,充分摇匀萃取,避光静置待完全分层后,用吸管吸取甲苯层于比色皿中,以空白为参比液,在分光光度计上测 515 nm 处各样品的吸光度,从标准曲线上求出溶液中脯氨酸浓度。

3. 计算

$$P(\%) = \frac{c \times V_T}{V_S \times m \times 10^6} \times 100\%$$

式中:P——饲草脯氨酸含量(%);

      c——从标准曲线查得 2 mL 测定液中脯氨酸的含量($\mu g \cdot mL^{-1}$);

      V_T——提取液体积(mL);

      V_S——测定时取用的样品体积(mL);

      m——样品质量(g)。

四、注意事项

(1)一般样品在胁迫 24 h 即已表现出脯氨酸含量显著增加,且处理时间越长,则效果愈加显著。所以取样量应当随处理时间延长而减少,否则样品吸光值会超出标准曲线。

(2)配制的酸性茚三酮溶液仅在 24 h 内稳定,因此必须现用现配,制作标准曲线的脯氨酸标准液也应当现用现配。

五、思考题

(1)根据实验结果,分析干旱或盐分胁迫与饲草体内游离脯氨酸积累之间有何关系?

(2)为什么用茚三酮作显色剂要在酸性条件下产生反应?其目的是什么?

实验十三　饲草超氧化物歧化酶的测定

一、实验目的和意义

超氧化物歧化酶(SOD)是生物体内普遍存在的参与氧代谢的一种含金属酶(有 Cu-Zn-SOD、Mn-SOD、Fe-SOD 三种类型)。该酶与饲草的衰老及抗逆性密切相关,是饲草体内重要的保护酶之一,因此 SOD 活性的测定在研究饲草衰老及抗逆机制中有着重要的意义。

通过本实验学习掌握 SOD 测定的原理和方法。

二、仪器和试剂

1. 仪器和用具

紫外分光光度计、精密酸度计、离心机、10 mL 比色管、10 mL 离心管、玻璃乳钵等。

2. 试剂和材料

试剂:

(1) A 液:pH =8.2,0.1 mol·L^{-1} 三羟甲基氨基甲烷—盐酸缓冲液(内含 1 mol·L^{-1} EDTA-2Na)。称取 1.2114 g 三羟甲基氨基甲烷和 37.2 mg EDTA-2Na 溶于 62.4 mL 0.1 mol·L^{-1} 盐酸溶液中,用蒸馏水定容至 100 mL;

(2) B 液:4.5 mol·L^{-1} 邻苯三酚盐酸溶液。称取邻苯三酚 56.7 mg 溶于少量 10 mol·L^{-1} 盐酸溶液,并定容至 100 mL;

(3) 盐酸溶液:10 mol·L^{-1};

(4) 蒸馏水:二重石英蒸馏水。

材料:饲草叶片。

三、实验方法与步骤

1. 原理

将 25 ℃时抑制邻苯三酚自氧化速率为 50% 所需的 SOD 定义为一个活力单位。在碱性条件下,邻苯三酚会发生自氧化,可根据 SOD 抑制邻苯三酚自氧化能力测定 SOD 活力。

2. 方法步骤

(1) 称取待测超氧化物歧化酶的样品约 1 g(记为 m,精确至 0.0001 g)置于研钵中,加入 9.0 mL 蒸馏水研磨 5 min,移入 10 mL 离心管。用少量蒸馏水冲洗研钵,洗液转入离心管中,加蒸馏水至刻度,经 4000 r·min^{-1} 离心 15 min,取上清液测定。

(2) 在 25 ℃左右,于 10 mL 比色管中依次加入 A 液 2.35 mL,蒸馏水 2.00 mL,B 液 0.15 mL。加入 B 液立即混合并倾入比色皿中,分别测定在 325 nm 波长条件下初始时和 1 min 后吸光度值。

(3) 在 25 ℃左右,于 10 mL 比色管中依次加入 20.0 μL 样液或酶液,A 液 2.35 mL,蒸馏水 2.00 mL,B 液 0.15 mL。加入 B 液立即混合并转移到比色皿中,分别测定在 325 nm 波长条件下初始时和1 min后吸光度值,二者之差为样液或酶液抑制邻苯三酚自氧化速率 $\Delta'A_{325}$ (min^{-1})。

3. 计算

$$SOD活力(U/g) = \frac{(\Delta A_{325} - \Delta'A_{325})/\Delta A_{325} \times 100\%}{50\%} \times 4.5 \times \frac{D}{V} \times \frac{V_1}{m}$$

式中:V——加入样液或酶液的体积(mL);

ΔA_{325}——邻苯三酚自氧化速率;

$\Delta'A_{325}$——样液或酶液抑制邻苯三酚自氧化速率;

D——样液或酶液的稀释倍数;

V_1——样液总体积(mL);

4.5——反应液总体积(mL);

m——试样重(g)。

四、注意事项

(1)本实验中反应所需剂量要精确,否则对实验结果影响较大。

(2)饲草组织中的酚类物质对测定有干扰,对酚类含量高的材料提取酶液时,可加入聚乙烯吡咯烷酮(PVP)消除。

五、思考题

(1)本实验测定方法与其他方法测定SOD各有什么优缺点?

(2)为什么SOD活力不能直接测得?

实验十四　饲草过氧化物酶的测定

一、实验目的和意义

饲草中含有大量且活性较高的过氧化物酶(POD)。它与呼吸作用、光合作用及生长素的氧化等有一定关系。POD活性在饲草生长发育过程中不断发生变化。一般老化组织中活性较高,幼嫩组织中活性较弱,因为过氧化物酶能使组织中所含的某些碳水化合物转化成木质素,增加木质化程度。它在代谢中调控IAA水平,并可作为一种活性氧防御物质,消除饲草体内产生的H_2O_2的毒害作用。因此,过氧化物酶可作为饲草组织老化和逆境下的一种生理指标,测定其含量对饲草抗逆育种、产量提高有一定的指导作用。

通过本实验学习和掌握POD测定的原理和方法。

二、仪器和试剂

1. 仪器和用具

分光光度计、研钵、恒温水浴锅、100 mL容量瓶、吸管、高速冷冻离心机、秒表、磁力搅拌器等。

2. 试剂和材料

试剂:愈创木酚、30% 过氧化氢、0.1 mol·L^{-1} 磷酸缓冲液 pH=6.0。

材料:新鲜饲草组织。

三、实验方法与步骤

1. 原理

本实验采用愈创木酚法进行测定。在有过氧化氢存在的条件下,过氧化物酶能使愈创木酚氧化,生成茶褐色物质,该物质在470 nm处有最大吸收值,可用分光光度计测量470 nm处的吸光度变化速率来测定过氧化物酶活性。

2. 方法步骤

(1)称取饲草材料0.1 g,剪碎,放入研钵中,加入适量的磷酸缓冲液研磨成匀浆,残渣再用5 mL磷酸缓冲液提取一次,以4000 r·min^{-1}低温离心15 min,上清液即为粗酶液,定容至10 mL刻度,低温下贮存备用。

(2)取2支试管,于1只中加入反应混合液3 mL和磷酸缓冲液1 mL,作为对照;另1支中加入反应混合液3 mL和上述酶液1 mL(如酶活性过高可稀释之)。迅速将两支试管中溶液混匀后,倒入比色杯,置于分光光度计样品室内,立即开始计时,于470 nm处测定吸光度(OD)值,每隔10 s读数一次。对照和处理均设3个重复。

3. 计算

$$POD = \frac{\Delta A_{470} \times \dfrac{V}{V_t}}{0.01 \times t \times m}$$

式中：ΔA_{470}——反应时间内OD变化值；

   V——提取酶液总体积(mL)；

   m——饲草鲜重(g)；

   V_t——测定时取用酶液体积(mL)；

   t——反应时间(min)。

四、注意事项

(1)酶液的提取尽量在低温条件下进行。

(2)H_2O_2要在反应开始前加入，不能直接加入。

(3)若酶液稀释了，应在计算时乘上相应的倍数。

五、思考题

(1)测定过氧化物酶活性除了本方法外，还可以采用什么方法进行？

(2)在饲草体内，过氧化物酶的底物会是哪些物质？在体外条件下，除可使用愈创木酚外，还可以使用什么底物？

(3)饲草组织中的多酚氧化酶是否会对本实验产生影响？为什么？

实验十五　饲草过氧化氢酶的测定

一、实验目的和意义

饲草在逆境下或衰老时，由于体内活性氧代谢加强而使 H_2O_2 发生累积。过氧化氢酶(CAT)普遍存在于饲草组织中，其作用是清除代谢中产生的 H_2O_2，以避免 H_2O_2 积累对细胞的氧化破坏作用，是植物体内酶促防御系统的重要组分之一。

二、仪器和试剂

1. 仪器和用具

紫外分光光度计、离心机、研钵、250 mL 容量瓶、吸管(0.5 mL、2 mL)、10 mL 试管、恒温水浴锅等。

2. 试剂和材料

试剂：

(1) 0.2 mol·L^{-1} pH=7.8 磷酸缓冲液(内含 1% 聚乙烯吡咯烷酮)；

(2) 0.1 mol·L^{-1} H_2O_2(用 0.1 mol·L^{-1} 高锰酸钾标定)。

材料：正常生长或经逆境处理的新鲜饲草组织。

三、实验方法与步骤

1. 原理

本实验用紫外吸收法测定过氧化氢酶活性。H_2O_2 对 240 nm 波长的紫外光具有强吸收作用，CAT 能催化 H_2O_2 分解成 H_2O 和 O_2，因此在反应体系中加入 CAT 时会使反应液的吸光度(A_{240})随反应时间降低，根据 A_{240} 的变化速率可计算出 CAT 的活性。

2. 方法步骤

(1) 酶液的提取：称剪碎混匀的饲草样品(如叶片等) 1.00 g 置于预冷的研钵中，加适量磷酸缓冲液及少量石英砂，在冰浴上研磨匀浆，转移至 10 mL 量瓶中，用磷酸缓冲液冲洗研钵 2~3 次(每次 1~2 mL)，合并冲洗液于量瓶中，定容至 10 mL 摇匀。取提取液 5 mL 于离心管中，在 4 ℃、4000 rpm 下离心 15 min，上清液即为酶提取液，4 ℃下保存备用。

(2) CAT 活性测定：取 10 mL 试管 3 支，其中 2 支为样品测定管，1 支为空白管，按表 2-2 顺序加入试剂。25 ℃预热后，逐管加入 0.3 mL 0.1 mol·L^{-1}的 H_2O_2，每加完一管立即记时，并迅速倒入石英比色杯中，240 nm 下测定吸光度，每隔 1 min 读数 1 次，共测 4 min，记录 3 支管测定值。对照和处理均设 3 个重复。

表 2-2　紫外吸收法测定 H_2O_2 样品液配置表

管　号	S_0	S_1	S_2
粗酶液(mL)	0(失活酶液)	0.2	0.2
pH 7.8 磷酸(mL)	1.5	1.5	1.5
蒸馏水(mL)	1.0	1.0	1.0

3. 计算

$$CAT = \frac{\Delta A_{240} \times V_t}{0.1 \times V_1 \times t \times m}$$

$$\Delta A_{240} = A_{S0} - \frac{(A_{S1} + A_{S2})}{2}$$

式中：CAT——过氧化氢酶活性[U/(g·min^{-1})]；

A_{S0}——加入煮死酶液的对照管吸光值；

A_{S1}、A_{S2}——样品管吸光值；

V_t——粗酶提取液总体积(mL)；

V_1——测定用粗酶液体积(mL)；

m——样品鲜重(g)；

0.1——A_{240}每下降0.1为1个酶活单位(U)；

t——加过氧化氢到最后一次读数时间(min)。

注：以 1 min 内 A_{240} 减少 0.1 的酶量为 1 个酶活单位(U)。

四、注意事项

(1) 凡对 240 nm 波长的光有较强吸收的物质对本实验均有影响，应避免。

(2) 紫外分光光度法进行比色测定时，要尽可能测定反应的初速率，因此 H_2O_2 溶液加入后应立即进行比色读数。

五、思考题

(1) 影响过氧化氢酶活力测定的因素有哪些？

(2) 过氧化氢酶与哪些生化过程有关？

(3) 逆境条件下 CAT 活性的变化与饲草的抗逆性有何关系？

实验十六　饲草抗坏血酸的测定

一、实验目的和意义

抗坏血酸又称维生素C,是一种水溶性维生素,广泛存在于植物器官和组织。抗坏血酸参与许多代谢过程,具有重要生理作用。它是植物体内活性氧清除系统的成员之一,是反映植物衰老进程及抗逆性强弱的重要生理指标。

通过本实验,掌握和学习抗坏血酸测定的原理和方法。

二、仪器和试剂

1. 仪器和用具

100 mL 锥形瓶、10 mL 吸量管、容量瓶(100 mL、250 mL)、5 mL 微量滴定管、研钵、漏斗、纱布等。

2. 试剂和材料

试剂:

(1)2%草酸溶液:草酸 2 g 溶于 100 mL 蒸馏水中;

(2)1%草酸溶液:草酸 1 g 溶于 100 mL 蒸馏水中;

(3)标准抗坏血酸溶液(1 mg·mL^{-1}):准确称取 100 mg 纯抗坏血酸(应为洁白色,如变为黄色则不能用)溶于 1%草酸溶液中,并稀释至 100 mL,贮于棕色瓶中冷藏,最好临用前配制;

(4)0.1% 2,6-二氯酚靛酚溶液:250 mg 2,6-二氯酚靛酚溶于 150 mL 含有 52 mg NaHCO$_3$ 的热水中,冷却后加水稀释至 250 mL,贮于棕色瓶中冷藏(4 ℃)约可保存一周。

材料:新鲜饲草叶片组织。

三、实验方法与步骤

1. 原理

抗坏血酸具有很强的还原性,可分为还原型和脱氢型。还原型抗坏血酸能还原染料 2,6-二氯酚靛酚(DCPIP),本身则被氧化为脱氢型。在酸性溶液中,2,6-二氯酚靛酚呈红色,还原后变为无色。若溶液中的抗坏血酸已全部被氧化时,则滴下的染料立即使溶液变成粉红色。所以,当溶液从无色变成微红色时即表示溶液中的抗坏血酸刚刚全部被氧化,此时即为滴定终点。

2. 方法步骤

(1)提取:水洗干净饲草叶片组织,用纱布或吸水纸吸干表面水分。然后称取约 20 g(记为 m,精确至 0.0001 g),加入 20 mL 2%草酸,用研钵研磨,四层纱布过滤,滤液备用。纱布可用少量2%草酸洗几次,合并滤液,滤液总体积定容至 50 mL。

(2)标准液滴定:准确吸取标准抗坏血酸溶液 1 mL 于 100 mL 锥形瓶中,加 9 mL 1%草酸,用微量滴定管以 0.1% 2,6-二氯酚靛酚溶液滴定至淡红色,并保持 15 s 不褪色,即达终点。由所用染料的体积计算出 1 mL 染料能氧化抗坏血酸毫克数(K)。

(3)空白滴定:取 10 mL 1%草酸作空白对照,按以上方法滴定。

(4)样品滴定:准确吸取滤液两份,每份 10 mL,分别放入 2 个锥形瓶内,同上述方法滴定。另取 10 mL 1%草酸作空白对照滴定。

3. 计算

$$X = \frac{(V_1 - V_2) \times K \times V \times 100}{(m \times V_3)}$$

式中:X——100 g 样品所含维生素 C 毫克数($mg \cdot 100g^{-1}$);

V_1——为滴定样品所耗用的染料的平均体积(mL);

V_2——为滴定空白对照所耗用的染料的平均体积(mL);

V_3——为样品提取液的总体积(mL);

V——为滴定时所取的样品提取液体积(mL);

K——为 1 mL 染料能氧化抗坏血酸体积(mg);

m——为待测样品的重量(g)。

四、注意事项

(1)整个操作过程要迅速,防止还原型抗坏血酸被氧化。滴定过程一般不超过 2 min。滴定所用的染料不应小于 1 mL 或多于 4 mL,如果样品含维生素 C 太高或太低时,可适当增减样液用量或改变提取液稀释度。

(2)提取的浆状物如不易过滤,亦可离心,留取上清液进行滴定。

五、思考题

(1)还有哪些方法可测定抗坏血酸含量?

(2)抗坏血酸与饲草的抗逆性有哪些生理上的关系?

实验十七 饲草谷胱甘肽的测定

一、实验目的和意义

还原型谷胱甘肽(GSH)是饲草植物细胞中重要的抗氧化剂之一,是由谷氨酸、半胱氨酸、和甘氨酸组成的天然三肽。在水分胁迫下GSH含量下降,而氧化型谷胱甘肽(GSSG)含量增加,二者呈负相关;由于GSSG水平与膜脂过氧化及溶质泄漏水平呈正相关,而与蛋白质合成速率呈负相关,因此是饲草抗逆性的重要指标。

通过本实验,学习和掌握谷胱甘肽测定的原理和方法。

二、仪器和试剂

1. 仪器和用具

分光光度计、容量瓶、刻度试管、玻璃研钵、移液管。

2. 试剂和材料

试剂:

(1)GSH标准溶液:称取10 mg分析纯GSH,溶于蒸馏水中,并定容至10 mL,即为 1 mg·mL^{-1}标准母液;

(2)5 mol·L^{-1} EDTA-TCA试剂:用3% 三氯乙酸(TCA)配制成5 mol·L^{-1}的EDTA溶液;

(3)0.2 mol·L^{-1}磷酸钾缓冲液,pH=7.0;

(4)TDNB试剂:称取39.6 mg 二硫代酸-二硝基苯甲酸(TDNB),用0.2 mol·L^{-1} K$_3$PO$_4$缓冲液(pH=7.0)溶解并定容至100 mL;

(5)1 mol·L^{-1} NaOH溶液。

材料:逆境胁迫处理与对照的饲草叶片。

三、实验方法与步骤

1. 原理

GSH与二硫代酸-二硝基苯甲酸(TDNB)试剂在pH=7.0左右生成黄色可溶性物质,其颜色深浅在一定范围内与GSH浓度呈线性关系,因此可以用分光光度计在412 nm下测定吸光度,并通过标准曲线计算样品中GSH的含量。

2. 方法步骤

(1)标准曲线制作

①取7支10 mL刻度试管以0~6编号。

②再分别吸取1 mg·mL^{-1} GSH标准液0、20、40、80、120、160、200 μL,用试剂EDTA-TCA稀释到3 mL,配制成标准系列溶液。

③从标准系列溶液中各取2 mL,加入约0.4 mL NaOH溶液,将pH调至6.5~7.0,再加入磷酸钾缓冲液和0.1 mL TDNB试剂,室温下显色5 min,最后用蒸馏水定容至5 mL,在412 nm波长下测定吸光度,并绘制标准曲线。

(2)样品测定

①称取饲草鲜样约 1 g(记为 m,精确至 0.0001 g)加入少量 EDTA-TCA 试剂研磨提取,并用该溶液定容至 25 mL,混合均匀后滤取 5 mL 提取液备用。

②吸取 2 mL 提取液,加入 0.4 mL NaOH 试剂,将 pH 调至 6.5~7.0,再加入磷酸钾缓冲液和 0.1 mL TDNB 试剂,空白以 K_3PO_4 缓冲液代替 TDNB 试剂,其余步骤与标准曲线制作方法相同。(3 个重复)

3. 计算

$$GSH = \frac{C \times V_t}{V_s \times m}$$

式中:GSH——饲草中谷胱甘肽的含量;

C——根据标准曲线计算得到的样品 GSH 浓度($mg \cdot mL^{-1}$);

V_t——提取液总体积(mL);

V_s——测定时取用的提取液体积(mL);

m——样品鲜重(g)。

四、注意事项

实验在室温下操作为宜,温度过低或过高都影响显色。

五、思考题

为什么要将 $1\ mg \cdot mL^{-1}$ GSH 标准液配制成不同的浓度?

实验十八 饲草根系活力的测定

一、实验目的和意义

根系是饲草吸收水分和矿质元素的主要器官,也是许多有机物的初级合成场所。因此,根的活动能力直接影响饲草的生长发育和营养状况及产量,是饲草生长发育的重要生理指标之一。测定根系活力,为饲草营养研究提供依据。

通过本实验,学习和掌握饲草根系活力测定的原理和方法。

二、仪器和试剂

1. 仪器和用具

分光光度计、分析天平、恒温水浴锅、研钵、漏斗、移液管、比色管、容量瓶、烧杯等。

2. 试剂和材料

试剂:

(1) 乙酸乙酯、石英砂、硫代硫酸钠($Na_2S_2O_4$)粉末、1/15 mol·L^{-1} pH=7.0 磷酸缓冲液;

(2) 1%TTC 溶液:准确称取 1.0 g TTC 溶于少量水中,定容至 100 mL,用时稀释至各需要的浓度;

(3) 1 mol·L^{-1} 硫酸:取相对密度 1.84 的浓硫酸 55 mL,边搅拌边加入蒸馏水。最后定容至 1000 mL;

(4) A 液:称取 11.876 g $Na_2HPO_4·2H_2O$ 溶于蒸馏水中,定容至 1000 mL;

(5) B 液:称取 9.078 g KH_2PO_4 溶于蒸馏水中,定容至 1000 mL。

(使用时 A 液 60 mL、B 液 40 mL 混合即成)

材料:饲草根系组织。

三、实验方法与步骤

1. 原理

氯化三苯基四氮唑(TTC)是标准氧化电位为 80 mV 的氧化还原物质,溶于水中成为无色溶液,但还原后即生成红色而不溶于水的三苯基甲腙(TTF)。

2. 操作步骤

(1) 标准曲线的制作:配制浓度为 0、0.01%、0.02%、0.03%、0.04%的 TTC 溶液,各取 5 mL 放入比色管中。在各试管中加入乙酸乙酯 5 mL 和极少量的 $Na_2S_2O_4$ 粉末(各试管中的量保持一致),摇匀后即产生红色的甲腙,此时溶液分为水层和乙酸乙酯层,且甲腙会转移到乙酸乙酯层中。转移乙酸乙酯层,再加入 5 mL 乙酸乙酯,振荡后静置分层,取上层乙酸乙酯液即成标准比色系列溶液。以空白作参比,在分光光度计上测定各溶液在波长 485 nm 处的光密度。然后以光密度作纵坐标、TTC 浓度作横坐标,绘制标准曲线。

(2) 将根系洗净,擦干表面水分,然后称取两份重量相等的根组织各 0.3~0.5 g(记为 m,精确至 0.0001 g):第一份作为测定样品;第二份先加入 1 mol·L^{-1} 硫酸 2 mL,用以杀死根系作为空白对照。(处理和对照各 3 个重复)

(3)然后分别向两支比色管中加入0.5%TTC溶液和1/15 mol·L^{-1}磷酸缓冲液各5 mL,把根系充分浸没在溶液内,在37 ℃水浴中保温1 h后向第一份样品管加入1 mol·L^{-1}硫酸2 mL,以终止反应。

(4)分别从两支比色管中将根取出。用蒸馏水冲洗干净,擦干表面水分,置于研钵中,加入3~5 mL乙酸乙酯和少量石英砂研磨以提取甲腙。将红色提取液小心移入10 mL容量瓶(残渣不得移入),用少量乙酸乙酯洗涤残渣2~3次,最后用乙酸乙酯定容至刻度,用分光光度计在波长485 nm下比色。

(5)从标准曲线查出四氮唑还原量,计算四氮唑还原强度,以表示根系活力的大小。

3. 计算

$$S_{TTC} = \frac{c \times V}{m \times T}$$

式中:S_{TTC}——四氮唑还原强度(mg/g·h);

　　　c——从标准曲线查得的TTC浓度;

　　　V——提取液总体积(mL);

　　　m——根系重量(g);

　　　T——时间(h)。

四、注意事项

(1)TTC还原量计算中提取液体总体积时应包括其稀释的倍数。

(2)测定根系活力时选择根尖部位最好。

五、思考题

反应中加入硫酸有何作用?

实验十九　饲草叶绿素含量的测定

一、实验目的和意义

饲草叶绿体色素是吸收太阳光能、进行光合作用的重要物质。它主要由叶绿素a、叶绿素b、胡萝卜素和叶黄素组成。这些色素都不溶于水,而溶于有机溶剂,故可用乙醇、丙酮等有机溶剂提取。在饲草生理的研究中常需对饲草叶绿素进行测定,反映饲草的光合能力与营养状况。

通过本实验,学习和掌握饲草叶绿素测定的方法和原理。

二、仪器和试剂

1. 仪器和用具

研钵、漏斗、滴管、大试管(带胶塞)、大头针、天平、量筒、毛细管、试管架、烧杯、酒精灯、玻棒、铁三角架、刻度吸管、火柴、分光光度计、容量瓶、定量滤纸等。

2. 试剂和材料

试剂:95%乙醇、80%丙酮、石英砂、乙醚、稀盐酸、醋酸铜粉末、乙醚、KOH-甲醇溶液。

材料:饲草叶片。

三、实验方法与步骤

1. 原理

本实验采用分光光度法进行饲草叶绿素的测定。叶绿素a对红光的吸收峰为663 nm,叶绿素b的吸收峰为645 nm。叶绿素在此波长的吸光度(光密度OD)与提取液中叶绿素浓度成正比,符合朗伯-比尔定律。因而,可用分光光度计测定叶绿素提取液在663 nm和645 nm波长的吸光度,再利用Arnon公式计算出叶绿素a、b及叶绿素的总含量。

2. 方法步骤

(1)叶绿体色素的提取

①取饲草叶片约1 g(记为m,精确至0.0001 g),洗净,擦干,去掉中脉剪碎,放入干燥的研钵中。

②研钵中加入少量石英砂,加2~3 mL 95%乙醇,研磨至糊状。再加5 mL 95%乙醇研磨,过滤,即得色素提取液。

(2)叶绿体色素的分离

①在大试管中加入推动剂,然后将滤纸固定于胶塞的小钩上,插入试管中,使尖端浸入溶剂内(点样原点要高于液面,滤纸条边缘不可碰到试管壁),盖紧胶塞,直立于阴暗处层析。

②当推动剂前沿接近滤纸边缘时,取出滤纸,风干,观察色带的分布。叶绿素a为蓝绿色,叶绿素b为黄绿色,叶黄素为黄色,胡萝卜素为橙黄色。用铅笔标出各种色素的位置和名称。

(3)将提取的叶绿体色素溶液适当稀释后,进行以下实验

①荧光现象的观察:取1支试管加入浓的叶绿体色素提取液,在直射光下观察溶液的透射光与反射光颜色有何不同。可观察到反射出暗红色的荧光。

②氢和铜对叶绿素分子中镁的取代作用:取两支试管。第一支试管加叶绿体色素提取液2 mL,作为对照。第二支试管加叶绿体色素提取液2 mL,再加入稀盐酸数滴,摇匀,观察溶液颜色变化。当溶液变色后,再加入少许醋酸铜粉末,微微加热,观察记录溶液颜色变化情况,并与对照试管相比较。

(4)皂化作用(绿色素与黄色素的分离)

①取叶绿体色素提取液2 mL于试管中,加入4 mL乙醚,摇匀,再沿试管壁慢慢加入5 mL左右的蒸馏水,轻轻混匀,静置片刻。溶液即分为两层,色素已全部转入上层乙醚中。

②用滴管吸取上层绿色溶液,放入另一试管中,再用蒸馏水冲洗一次。在色素乙醚溶液中加入1~2 mL 30% KOH-甲醇溶液,充分摇匀,静置。可以看到溶液逐渐分为两层。下层是水溶液,其中溶有皂化的叶绿素a和b;上层是乙醚溶液,其中溶有黄色的胡萝卜素和叶黄素。

③将上下层放入两试管中,可供观察吸收光谱用。

(5)叶绿体色素吸收光谱曲线

将上述叶绿体色素提取液注入1 cm比色杯中,另取95%乙醇作空白对照,于400~700 nm之间。每间隔10 nm读取光密度值。根据测定结果,以波长为横坐标绘制曲线。此即叶绿体色素的吸收光谱曲线。用同样的方法测定皂化作用中分离出绿色素与黄色素的吸收光谱曲线,并对结果进行分析。

(6)叶绿体色素的含量测定

①取饲草叶片,擦净组织表面污物,剪碎,混匀。

②称取剪碎的新鲜样品0.1 g放入研钵中,加少量石英砂及2~3 mL研磨匀浆,再加80%丙酮5 mL,继续研磨。

③全部转移到25 mL棕色容量瓶中,用少量80%丙酮冲洗研钵、研棒及残渣数次,最后连同残渣一起倒入容量瓶中。最后用80%丙酮定容至25 mL,摇匀,离心或过滤。

④以80%丙酮为空白,分别在波长663 nm、645 nm、652 nm和440 nm下测定吸光值。

3. 计算

将测得的数值代入公式,分别计算叶绿素a、b、a+b和类胡萝卜素的浓度($mg \cdot L^{-1}$),并按下式计算组织中单位鲜重的各色素的含量:

$$W = \frac{C \times V \times B}{m} \times 100\%$$

式中:W——叶绿素含量(%);

C——色素浓度($mg \cdot L^{-1}$);

V——提取液总体积(L);

B——稀释倍数;

m——试样重量(mg)。

四、注意事项

(1)为了避免叶绿素光分解,操作时应在弱光下进行,研磨时间尽量短些。

(2)叶绿体色素提取液不能浑浊。

五、思考题

(1)层析结果与色素化学结构有何关系?

(2)叶绿体色素的吸收光谱有何特点及生理意义?

(3)在皂化反应中加入乙醚有什么作用?

参考文献:

[1] 刘大林主编. 优质牧草高效生产技术手册. 上海:上海科学技术出版社,2004

[2] 潘瑞炽,董愚得编. 植物生理学. 北京:人民教育出版社,1979

[3] 刘家尧主编. 植物生理学实验教程. 北京:高等教育出版社,2010

[4] 郝建军,于洋,张婷编著. 植物生理学. 北京:化学工业出版社,2013

[5] 李合生. 植物生理生化实验原理和技术. 北京:高等教育出版社,2006

[6] 张志良,翟伟菁. 植物生理学实验指导. 北京:高等教育出版社,2004

[7] 李玲. 植物生理学模块实验指导. 北京:科学出版社,2009

[8] 农业行业标准出版中心. 最新中国农业行业标准. 北京:中国农业出版社,2011

[9] 陈建勋主编. 植物生理学实验指导. 第二版. 广州:华南理工大学出版社,2006

[10] 高俊凤主编. 植物生理学实验指导. 北京:高等教育出版社,2006

[11] 张志良主编. 植物生理学实验指导. 第三版.北京:高等教育出版社,2003

[12] 陈建勋主编. 植物生理学实验指导. 广州:华南理工大学出版,2002

[13] 李合生主编. 现代植物生理学. 第二版. 北京:高等教育出版社,2008

[14] 肖浪涛,王三根主编. 植物生理学. 北京:中国农业出版社,2007

第三部分 饲草生长发育与肥料需求

实验二十 饲草样品消化

一、实验目的和意义

通过饲草样品消化,供 N、P、K 等元素的测定。本试验采用 H_2SO_4-H_2O_2 法,即先用浓 H_2SO_4 消煮植物样品,然后加入 H_2O_2 加速氧化过程,使有机态氮转化为 NH_4^+-N,各种形态的磷、钾也释放出来,制得待测液。

本实验要求掌握饲草样品消化的方法。

二、仪器和试剂

浓 H_2SO_4、H_2O_2(30%)、电炉、凯氏瓶等。

三、实验方法与步骤

(1)用天平称取植物风干样 0.3~0.4 g(记为 m,精确至 0.0001 g),小心倒入凯氏瓶底部,勿沾在瓶颈部。

(2)加入浓 H_2SO_4 5 mL 轻摇凯氏瓶,使植物样全部被 H_2SO_4 浸润(可放置过夜)。

(3)在电炉上加热,至冒白烟。

(4)取下凯氏瓶置于凯氏瓶架上,稍冷却,然后边摇边滴加 H_2O_2 10 滴。

(5)置于电炉上加热,至冒白烟(2~5 min)。

(6)再取下凯氏瓶,稍冷却,加 H_2O_2 6~8 滴,摇动,置电炉上加热,如此进行几次,每次随消化溶液颜色变浅而渐渐少加 H_2O_2,直至消化液无色透明后,再微沸 5 min,去尽 CO_2。

(7)取下凯氏瓶,冷却,小心加入 10~20 mL 蒸馏水,冷却,转移入 100 mL 容量瓶中。

(8)用少量蒸馏水洗凯氏瓶 3~4 次,洗液均移入容量瓶中,冷却后,用蒸馏水定容,澄清或过滤后供 N、P、K 测定使用。

(9)同时做空白试验,除不加植物样外,其他步骤相同。

四、注意事项

(1)植物干样应磨细烘干。植物干样容易吸湿,称量时难以稳定,称量操作要快,最好用称量瓶或用称量纸包起来称。如用鲜样分析,样品应剪碎,称取 3~5 g,称样也要迅速。

(2)凯氏瓶颈必须干燥无水,以免样品沾在瓶颈部。样品倒入瓶内时,可将称量纸卷成筒状,伸入瓶内加样。如有样品沾在瓶颈上端,必须用少量水或 H_2SO_4 将其冲下,以免造成损失。

(3)加入浓 H_2SO_4 的量,应视样品量多少而异,一般 1 g 样加 10 mL 浓 H_2SO_4。

(4)为了使样品能与 H_2SO_4 充分混匀,先将样品在瓶底散开,再加 H_2SO_4 轻轻摇动,注意不要将样品摇动到颈部。如样品不散开,加 H_2SO_4 后容易结块,内部不被 H_2SO_4 浸润,会加长消煮时间。也可以先加蒸馏水浸湿样品,再加 H_2SO_4,但不可多加水,否则由于稀释 H_2SO_4 使消煮时间大大延长。

(5)开始加热时应小心控制温度,以免产生过多泡沫,尤其是含蛋白质多的样品。如有大量泡沫上溢,应停止,否则泡沫溢出会导致实验失败,甚至损坏电炉等。为减少泡沫生成,可加入少量消泡剂如异辛醇等,也可加 H_2SO_4 后放置过夜,然后消煮。

(6)加 H_2O_2 时间不要过早,应该用 H_2SO_4 消煮 20 min 以上,再加 H_2O_2,H_2O_2 反应后生成 H_2O,冲稀 H_2SO_4 使其氧化作用减弱,消煮温度降低,有时反而会延长消煮时间。

(7)加 H_2O_2 应直接滴加在溶液中,应待凯氏瓶稍冷却后加,以免局部反应过于剧烈,造成氮损失,如果有样品或浓 H_2SO_4 沾在瓶颈部,可用 H_2O_2 滴冲。

(8)加 H_2O_2 的量应逐步减少,每次加入后加热微沸即可,使氧化和还原作用平衡进行。加入 H_2O_2 的次数和量应视消煮液的颜色决定,消化液颜色由棕黑色到棕红色再到棕黄色,最终无色,色深时可多加,色浅时应少加。消煮至无色时,再加热 5 min,去除多余的 H_2O_2,否则会影响 N、P 的比色测定。

(9)消煮过程中,经常摇动凯氏瓶,使沾在瓶壁上的样品和 H_2SO_4 流入瓶底反应。

(10)消化完毕后,待冷却后再加蒸馏水稀释,防止热 H_2SO_4 遇水过激作用,蒸馏水应沿瓶壁慢慢加入,边加边摇,冷却后再转入容量瓶,为加速凯氏瓶冷却,可用流水冷却。

(11)方法不包括 NO_3^--N 转化,如果包括 NO_3^--N 在内,应先用锌粉或 $Na_2S_2O_3$ 还原 NO_3^--N。

五、思考题

(1)消煮过程中,H_2SO_4 和 H_2O_2 的作用分别是什么?

(2)用 $H_2SO_4-H_2O_2$ 消煮,应注意些什么?理由是什么?如果样品只测 P 和 K,是否可以多加、快加 H_2O_2 以加快消化速度?

(3)凯氏瓶颈如沾有少量样品,对测定会有什么影响?如何纠正?

(4)称样时间过长,加 H_2O_2 后煮沸温度过高,加 H_2O_2 时凯氏瓶未冷却,所用 H_2O_2 纯度低,这些因素对样品中 N、P、K 的测定有什么影响?

实验二十一　饲草氨基酸总量的测定

一、实验目的和意义

氨基酸是构成蛋白质的基本单位，是构建生物机体的众多生物活性大分子之一，是构建细胞、修复组织的基础材料。氨基酸对植物的营养贡献不只是提供氮源，还对植物的生理代谢有不可低估的影响，具有减轻植物重金属离子毒害的作用。

测定植物体内游离氨基酸含量对研究植物在不同条件下及不同生长发育时期氮代谢变化、植物对氮素的吸收、运输、同化及营养状况等有重要意义。

二、仪器和试剂

1. 仪器和用具

容量瓶、烧杯、干燥器、玻璃棒、研钵、三角瓶、水浴锅、分光光度计等。

2. 试剂和材料

试剂：

（1）2% 茚三酮溶液：1 g 茚三酮（$C_9H_4O_3 \cdot 2H_2O$）溶于 25 mL 热水中，加入 40 mg 氯化亚锡（$SnCl_2 \cdot 2H_2O$），搅拌溶解，滤去残渣，滤液放在冷暗处过夜，用蒸馏水定容为 50 mL，保存至冷暗处。若茚三酮有微红色，配成的溶液也带红色，将影响比色测定，需将茚三酮重结晶后再用，方法是：取 5 g 茚三酮溶于 20 mL 热水中，加入 0.2 g 活性炭，轻轻摇动，放 30 min 后过滤，滤液置冰箱中过夜，次日过滤，用 1 mL 冷水淋洗结晶，然后放在干燥器中干燥，装瓶保存。

（2）磷酸盐缓冲液(pH=8.0)：

①1/15 mol·L^{-1} 磷酸二氢钾溶液：取 KH_2PO_4 0.9070 g（精确至 0.0001 g）溶于 100 mL 蒸馏水中。

②1/15 mol·L^{-1} 磷酸氢二钠溶液：取磷酸氢二钠（$Na_2HPO_4 \cdot 12H_2O$）11.9380 g 溶于蒸馏水，加蒸馏水至 500 mL。

取①10 mL 与②190 mL 混匀即得。

③10% 醋酸：取 10 mL 冰醋酸加蒸馏水至 100 mL。

④氨基酸标准溶液(200 ppm)：称取干燥的氨基酸 0.2 g（精确至 0.0001 g）溶解于蒸馏水，定容至 1000 mL。

材料：饲草样品（干草或鲜草）。

三、实验方法和步骤

1. 原理

氨基酸的游离氨基与水合茚三酮作用后，可产生二酮茚胺等蓝紫色化合物，其颜色深浅与氨基酸含量成正比，据此可以比色测定氨基酸含量。

2. 操作步骤

(1)标准曲线绘制：

分别吸取氨基酸标准溶液(200 ppm)0、0.5、1.0、1.5、2.0、2.5 mL置于25 mL容量瓶中，加蒸馏水补充至4.0 mL，各加入缓冲液1 mL，加入茚三酮1 mL，摇匀。置沸水浴中加热15 min，取出迅速冷却至室温，加蒸馏水定容。放置15 min，在570 nm波长下测定，绘制标准曲线。氨基酸浓度分别为0、4.0、8.0、12.0、16.0、20.0 ppm。

(2)样品测定：

①提取样品：称取1.0~2.0 g(记为m，精确至0.0001 g)饲草样品(新鲜样或干样)，加5 mL 10%醋酸，在研钵中研碎，用蒸馏水洗移入100 mL容量瓶并定容，过滤到三角瓶中，取滤液测定。

②样品液测定：移取样品待测液1~4 mL，放入25 mL容量瓶中，加水至44.0 mL，加缓冲液1 mL，加茚三酮1 mL，摇匀。置沸水浴中加热15 min，取出用冷水迅速冷却至室温，加蒸馏水定容。放置15 min后，测定。

(3)同时做空白测定，扣除空白值后，从标准曲线上查得氨基酸的浓度。

3. 结果计算

$$W = \frac{ppm \times 100 \times 25 \times 100}{m \times V \times 1000} = \frac{ppm \times 250}{m \times V}$$

式中：W——氨基酸含量(%)；

ppm——由标准曲线查得样品测定液氨基酸浓度；

m——样品重(g)；

V——吸取样品待测液体积(mL)。

四、注意事项

(1)配制茚三酮溶液的茚三酮和$SnCl_2$都应该用无色晶体，配成的溶液一般应在10 d内用完。

(2)应控制反应溶液的pH才能得到重现性好的结果，反应液pH在6.2~6.4之间为宜，所加试液和缓冲液的量的比例可为2:1或1:1。

(3)要控制加热温度和时间，温度过高容易褪色，温度过低发色不全。沸水浴中加热发色快，但可能受热不均匀及容易褪色，可以降低温度(80 ℃)，延长加热时间，使发色均匀。也可以在烘箱中加热，105 ℃烘10 min。

(4)茚三酮与氨基酸反应生成的颜色在1 h内稳定，浓度高时褪色较快，应在发色稳定、加水定容后，在30 min内比色。

(5)明显带色的试样，可以用活性炭脱色，但某些氨基酸(酪氨酸等)也被活性炭吸附，会使结果降低。

(6)茚三酮与氨、胺类、尿素、蛋白质等也发生反应，这些物质会干扰测定。

(7)植物样品处理方法不同，游离氨基酸组成会有变化，分析结果时应说明样品处理方法。

五、思考题

(1)茚三酮与所有氨基酸的反应产物颜色都相同吗？为什么？

(2)实验中除了游离氨基酸外,还有哪些植物成分可能被显色？由此评价此方法的实用意义。

(3)测定植物组织中游离氨基酸总量有何生理意义？

实验二十二　氮肥的测定

一、实验目的和意义

氮是植物体内许多重要有机化合物的成分,多方面影响植物的代谢过程和生长发育。氮是蛋白质的主要成分,是植物细胞原生质组成中的基本物质,也是植物生命活动的基础。氮是叶绿素的组成成分,又是核酸的组成成分,植物体内各种生物酶也含有氮。施用氮肥,使植物叶片更好产生叶绿素,进行光合作用,对饲草的生长有很好的作用。氮肥种类不同含氮量不同,特别是不同的有机肥含氮量差异较大,测定其含氮量对牧草合理施肥具有指导意义。

二、仪器和试剂

1. 仪器和用具

电子天平、滴定管、容量瓶、烧杯、三角瓶、水浴锅、定N蒸馏器、凯氏瓶、电炉等。

2. 试剂

试剂:

(1)甲基红(0.1%)、酚酞(1%)、浓H_2SO_4、H_3BO_3(3%)、NaOH(40%)。

(2)0.5 mol·L^{-1} NaOH:20 g NaOH溶于1000 mL蒸馏水中。

标定:称取10 g(精确至0.0001 g)邻苯二甲酸氢钾溶解定容为100 mL,此为0.5 mol·L^{-1}标准溶液。取此标准溶液10滴,用NaOH溶液滴定,酚酞为指示剂滴至微红色。三次平行测定,计算所配NaOH溶液的浓度。

(3)18% 甲醛:取原瓶装甲醛(36%),加等量水,用酚酞作指示剂,0.5 mol·L^{-1} NaOH滴定至微红色。

(4)定N混合指示剂:取0.1 g甲基红、0.5 g溴甲酚绿,研磨后溶于100 mL 95%乙醇,用稀HCl或稀NaOH调节pH至4.5。

(5)0.5 mol·L^{-1} HCl标准溶液:取41 mL浓盐酸,用蒸馏水稀释至1000 mL,称取烘干过的分析纯无水Na_2CO_3标定酸浓度。

材料:饲草所需各种氮肥和有机肥。

三、实验方法和步骤

(一)甲醛法

1. 方法原理

氮肥中的NH_4^+在中性溶液中与甲醛络合反应生成六次甲基四胺盐[$(CH_2)_6N_4H^+$]和H^+,用标准碱滴定生成的酸,然后计算肥料的氮含量。此方法适合铵态氮肥测定。

2. 操作步骤

(1)称取样品约4 g(记为m,精确至0.0001 g),溶解后移入100 mL容量瓶,用蒸馏水定容;

(2)吸取溶液25 mL加入150 mL三角瓶中;

(3)加甲基红2滴:用0.5 mol·L⁻¹ NaOH滴至微黄色;

(4)加18%中性甲醛20 mL,加蒸馏水约20 mL,在水浴上(40 ℃)保温5 min;

(5)在三角瓶中加酚酞4滴,边摇边用0.5 mol·L⁻¹ NaOH标准溶液滴定至橙红色,读取所用NaOH体积。

3. 计算

$$N = \frac{c \times V \times 0.014 \times 100 \times 100}{m \times 25 \times 1000} = \frac{c \times V \times 0.14}{m \times 25}$$

式中:N——肥料中氮的含量(%);

　　　c——NaOH的浓度(mol·L⁻¹);

　　　V——滴定消耗NaOH量(mL);

　　　m——样品重量(g)。

(二)蒸馏法

1. **方法原理**

过量NaOH存在时,铵盐能被分解放出游离氨,将肥料中的氮素先转化为NH_4^+-N,然后在定N蒸馏器中加碱蒸馏,用硼酸吸收蒸出的氨,用标准酸溶液滴定,计算含氮量。此方法适合尿素含氮量测定。

2. **操作步骤**

(1)称取尿素样品1 g左右(记为m,精确至0.0001 g),加入100 mL凯氏瓶中,加少量蒸馏水,如瓶颈沾有样品,用少量蒸馏水冲下去。

(2)加浓H_2SO_4 5 mL,摇动使样品全部被浸润。

(3)小火加热,至无CO_2冒出,再加热10 min。

(4)冷却,用蒸馏水稀释。

(5)冷却后,转入100 mL容量瓶中,定容。

(6)吸取溶液25 mL加入凯氏瓶中,接上定N蒸馏器。

(7)取20 mL 3% H_3BO_3溶液于三角瓶中,加定N混合指示剂3滴,三角瓶置于冷凝管下端,管端浸入溶液中。

(8)小心从小漏斗中加入6 mL 40% NaOH,然后夹紧小漏斗下的夹子。

(9)通入蒸气,蒸馏20 min。

(10)将冷凝管下端提离硼酸吸收液,用少量蒸馏水冲洗管端,再蒸馏约5 min,接取蒸馏液检查,至蒸馏出无$NH_3·H_2O$为止(可用奈氏试剂检查,或用pH试纸检查)。

(11)取下三角瓶,用标准HCl溶液滴定,溶液颜色由绿色转为紫红色止,记录滴定用HCl的量。同时做空白试验。

3. 计算

$$N = \frac{(V_2 - V_1) \times c \times 14 \times 10^{-3} \times 100}{m \times 25 \times 1000} = \frac{(V_2 - V_1) \times c \times 14}{m \times 25 \times 10^4}$$

式中：N——肥料中氮的含量(%)；
V_2——滴定样品蒸馏液用HCl的量(mL)；
V_1——空白试验滴定消耗HCL的量(mL)；
c——盐酸的浓度($mol·L^{-1}$)；
14——氮的摩尔质量；
m——样品重(g)。

四、注意事项

（一）甲醛法

(1)待测液在反应前，应调pH为中性，这时应用甲基红(变色范围pH=4.4~6.2)而不用酚酞作指示剂，理由是避免在碱性条件下引起铵的损失。

(2)甲醛在空气中会发生氧化生成甲酸使溶液呈酸性，所以在用前要先中和，中和时可用酚酞作指示剂，与酸碱滴定的终点指示剂相同，甲醛中和后要尽快用，久放之后还要重新中和才能使用。

(3)甲醛有毒，不要用嘴吸取，要用洗耳球吸或量筒量取，甲醛长期保存会生成白色沉淀，这是因为它会聚合而成多聚甲醛$[(CH_2O)_n]$，若发生此情况，可加热溶解沉淀或将沉淀过滤后再用，如预先将甲醛稀释(1:1)，可使甲醛溶液在保存过程中不易发生变化。

(4)加入甲醛的量要足够，并加入适量蒸馏水使反应后溶液的酸度不会过高，如甲醛量不足，或是溶液酸度过高，就可能生成亚甲基二胺硫酸盐，使终点不清，影响滴定。

(5)为了使甲醛和铵的反应完全和较快完成，可在40℃下加热，注意加热温度不要高于60℃，以免生成的六次甲基四胺分解。

(6)碱土金属或微量元素金属在碱性溶液中会生成沉淀而使溶液浑浊，但这不妨碍测定。

(7)如样品为尿素，或氨水、碳铵等，也可先用H_2SO_4加热转化为$(NH_4)_2SO_4$后，用NaOH中和(甲基红，橙红色终点)，然后用上法测定。

（二）蒸馏法

(1)复合肥中的氮多数为NH_4^+-N和尿素(酰胺态)，也可以用此法测定，先消化再蒸馏。但有些复合肥中有NO_3^--N，用此法测定应先用还原剂(Fe、Zn粉等)将NO_3^-还原为NH_4^+，然后再蒸馏测定。

(2)在样品溶液蒸馏之前，最好先用水空蒸馏5 min，以去除管道中可能存在的NH_4^+污染。

(3)样品经酸分解后，也可以直接上蒸馏器蒸馏，而不经定容稀释。若直接蒸馏，可减少称样重量，同时注意增加吸收液H_3BO_3的量。加NaOH的量必须保证在中和酸后还有剩余，使溶液呈强碱性。

(4)混合指示剂变色区域窄，颜色变化明显：在pH=5.2下为紫红色，pH=5.4为深蓝色，pH=5.6以上为绿色。H_3BO_3吸收液的pH要调准，混合指示剂也可以预先加入H_3BO_3。

(5)如用半微量蒸馏装置，吸10 mL溶液放入内室，加碱3 mL即可。

五、思考题

(一)甲醛法

(1)由过磷酸钙、尿素、KCl混合而成的复合肥,试设计用甲醛法测其中含N量的操作方法。

(2)甲醛和样品溶液都未经中和即进行反应和测定,测定结果是高还是低？如果都用酚酞作指示剂中和,测定结果是高还是低？如果都是用甲基红作指示剂中和呢？

(3)甲醛的使用应注意些什么？

(4)甲醛法测N的原理及适用范围,与其他定N方法相比有什么优缺点？

(二)蒸馏法

(1)测NH_4^+-N的方法有多种,肥料中的NH_4^+-N测定应该选用哪些方法而不宜采用哪些方法测定？理由是什么？

(2)有些复合肥中除NH_4^+-N外还有NO_3^--N,如果不用还原NO_3^--N为NH_4^+-N的方法,可以如何测定其全N量？

(3)某一样品用12 mL浓H_2SO_4消煮后直接蒸馏定N,至少应加入多少40%的NaOH溶液才能蒸馏完全？加碱之前消煮液中为什么要加水？

(4)有一尿素和硫铵的混合物,要分别测其含量,试设计分析方案。

实验二十三　磷肥的测定

一、实验目的和意义

磷是植物体内许多有机化合物的组成成分，以多种方式参与植物体内的各种代谢过程，在植物生长发育中起着重要的作用。磷是核酸的主要组成部分，核酸存在于细胞核和原生质中，在植物生长发育和代谢过程都极为重要，是细胞分裂和根系生长不可缺少的。磷具有提高植物的抗逆性和适应外界环境条件的能力。使用磷肥，能促进植物根系的生长。块根类的植物多使用磷肥能增产增收。

二、仪器和试剂

1. 仪器和用具

水浴锅、抽气机、漏斗、容量瓶、三角瓶、玻璃坩埚、玻璃棒、烧杯、抽滤瓶。

2. 试剂和材料

试剂：

(1) 微碱性柠檬酸铵(彼得曼溶液)：

①取173 g柠檬酸($C_6H_8O_7 \cdot H_2O$)溶于约300 mL蒸馏水中，备用；

②取1∶1氢氧化铵(氨水)溶液，以甲基红作指示剂，用标准酸滴定，计算含N量，按含N量计算含42 g N所需溶液体积(约410 mL)，取此体积的1∶1氨水，加入①溶液中，加水至1000 mL，搅匀，盖严保存。

(2) 喹钼柠酮溶液：

①钼酸钠($Na_2MoO_4 \cdot 2H_2O$) 70 g溶于150 mL蒸馏水；

②柠檬酸($C_6H_8O_7 \cdot H_2O$)60 g溶于85 mL浓HNO_3和150 mL蒸馏水的混合液；

③喹啉(C_9H_7N)5 mL溶于35 mL浓HNO_3和100 mL蒸馏水混合液中。

将溶液①慢慢加入②中，搅匀；再将溶液③边搅边加入①和②的混合液中过滤，在滤液中加丙酮280 mL，加蒸馏水至1000 mL，混匀，贮于聚乙烯瓶中，放在冷暗处。

(3) 浓HNO_3。

材料：饲草所需的各种磷肥和有机肥。

三、实验方法和步骤

1. 原理

本实验采用钼酸喹啉重量法。用蒸馏水和碱性柠檬酸铵溶液提取过磷酸钙中的有效磷，在酸性条件下，磷酸与钼酸喹啉作用生成黄色的磷钼酸喹啉沉淀，经过滤洗涤，烘干后称重，计算样品含磷量。该法精确度高，是磷肥测定的标准方法之一。

2. 方法步骤

(1) 有效磷的提取

①称过磷酸钙样品约2.5 g(记为m，精确至0.0001 g)加入瓷蒸发皿中，用玻璃棒压碎；

②加蒸馏水约20 mL,研磨3~5 min,澄清;

③在250 mL容量瓶中加2 mL浓HNO_3和少量蒸馏水,然后将蒸发皿中澄清液过滤入此瓶中;

④再在蒸发皿中加20 mL蒸馏水,研磨、澄清、过滤,如此处理三次;

⑤用少量蒸馏水将沉淀全部移入漏斗中,水洗蒸发皿,洗液移入漏斗,再用水洗沉淀物,量瓶中溶液近200 mL止,用水定容,此为待测液①(水溶性磷);

⑥将滤纸连同残渣取出,小心卷起塞入另一250 mL容量瓶中,加100 mL碱性柠檬酸铵溶液,塞上塞子,摇动使滤纸破碎;

⑦将此容量瓶放入60 ℃水浴,保温30 min,其间摇动3次,取出冷却后用蒸馏水定容。

⑧过滤于三角瓶或烧杯中,弃去最初的溶液,取清液,此为待测液②(柠檬酸铝磷)。

(2)磷的测定

①洗净玻璃坩埚,在烘箱中烘干(180 ℃),于干燥器中冷却后,称重(m_1),保存于干燥器中备用;

②吸取待测液①和②各20 mL加入400 mL烧杯中,加入HNO_3(1∶1)70 mL,加热至近沸;

③慢慢沿玻璃棒加入喹钼柠酮试剂50 mL,盖上表皿,小心煮沸1 min,放置冷却,其间转动烧杯3次;

④将已称重的玻璃坩埚放在抽气过滤瓶上,抽气过滤,先将烧杯中清液倒入,然后用倾泻法洗沉淀3次,每次用蒸馏水20 mL;

⑤将沉淀全部移入坩埚内,用蒸馏水洗净烧杯,洗液全部移入坩埚,再用蒸馏水洗沉淀4~5次,每次用蒸馏水20 mL。抽气过滤使坩埚中水滤净;

⑥坩埚放入烘箱在180 ℃烘干1 h,取出,在干燥器中冷却,然后称重(m_2)。

同时做空白对照。

3. 计算

$$P\% = \frac{(m_2 - m_1) \times 0.03027 \times 500 \times 100}{m \times 40} = \frac{(m_2 - m_1) \times 37.8375}{m}$$

式中:P——磷肥中磷的含量(%);

m_1——空坩埚重(g);

m_2——(坩埚+沉淀)重(g);

m——称样重(g);

0.03207——磷钼酸喹啉换算为P_2O_5的系数。

四、注意事项

(1)钼酸喹啉试剂能腐蚀玻璃,光照后易呈蓝色,所以要贮于塑料瓶中,放暗处。

(2)浓氨水加入柠檬酸溶液,反应放热,可能造成氨损失,要注意慢慢加入,边搅边冷却。

(3)过磷酸钙中有效磷包括水溶性磷和柠檬酸铵溶性磷,要分两步提取,如果仅用水提取,有效磷不能被全部提出,结果偏低;如仅用柠檬酸铵提取,由于它与磷酸钙作用生成柠檬酸增强了提取能力,使非有效磷也会被提出,结果偏高,不同的提取方法,得出的结果不一样,必须用统一方法提取测定。

(4)水提取后的残渣,不能久放,要连续操作,因为此时已不是酸性,其中的磷酸二钙可能转化为磷酸三钙,这种磷酸三钙不溶于柠檬酸铵。

(5)玻璃坩埚应恒重,称重后再烘干;冷却,称重至重量变化小于1 mg,过滤也可用古氏坩埚,垫上玻璃纤维滤纸,过滤速度较快,容易达到恒重,使用也方便。

(6)加热煮沸1 min的方法沉淀磷钼酸喹啉,加喹钼柠酮前溶液温度在80 ℃以上,在近沸条件下沉淀,加热要小心,防暴沸,也有用60 ℃~65 ℃水浴上加热15 min的办法来进行反应的。

(7)沉淀物也应恒重,所以烘干称重一次后应再烘干称至重量差在1 mg以内,注意操作过程中坩埚外围不要被污染,增加重量,烘干时坩埚内不要掉进铁锈等异物。

(8)称重过后,坩埚中的沉淀物先用水洗,然后用1∶1氨水洗或浸泡于稀氨水中,然后再用水洗净。洗涤的废氨水可多次使用。

五、思考题

(1)为什么钼酸喹啉重量法有很高的准确度?用此法测土壤有效磷可行吗?

(2)过磷酸钙有效磷的提取为什么要分两步浸提?浸提过程为什么要连续操作?

(3)生成磷钼酸喹啉沉淀的酸度、温度条件是什么?改变条件对生成沉淀有什么影响?

(4)喹钼柠酮试剂中各成分的作用是什么?试剂的配制和保存应注意什么?

(5)为什么选用180 ℃烘干?过滤时用普通滤纸可行吗?

(6)换算系数0.03207如何得来?如换算为P,换算系数应为多少?

实验二十四　钾肥的测定

一、实验目的和意义

钾不是植物体内有机化合物的成分，主要呈离子状态存在于植物细胞液中。它是多种酶的活化剂，在代谢过程中起着重要作用，不仅可促进光合作用，还可以促进氮代谢，提高植物对氮的吸收和利用。钾调节细胞的渗透压，调节植物生长和经济用水，增强植物的抗不良因素(旱、寒、病害、盐碱、倒伏)的能力。使用钾肥，能促进植物坐花坐果，茎叶的生长。

二、仪器和试剂

1. 仪器和用具

火焰光度计、电炉、表面皿、烧杯等。

2. 试剂和材料

试剂：浓HCl、钾标准溶液；

材料：各种饲草所需的钾肥。

三、实验方法和步骤

1. 原理

采用火焰光度法。用酸处理肥料样品，提取出钾，用火焰光度法测定钾含量。本方法适合无机复合肥、灰肥中含钾的测定。

2. 操作步骤

(1) 称取样品约2.5 g(记为m，精确至0.0001 g)于300 mL烧杯中，加少量蒸馏水浸润；

(2) 慢慢加入10 mL浓HCl(草木灰样品再加蒸馏水30 mL)；

(3) 盖上表面皿，加热煮沸10~30 min；

(4) 加蒸馏水50 mL，加热煮沸；

(5) 冷却后，过滤入250 mL容量瓶中，用蒸馏水洗净烧杯；

(6) 水洗沉淀物4~5次，至容量瓶中溶液近200 mL止，然后用蒸馏水定容；

(7) 取此溶液5 mL于容量瓶中，用蒸馏水定容，然后用火焰光度法测定，读取钾的ppm数。

3. 计算

$$K\% = \frac{ppm \times 250 \times 100 \times 100}{m \times 5 \times 10^6} = \frac{ppm}{m \times 2}$$

式中：K——待测样品中钾的含量(%)；

ppm——由标准曲线查得样品测定钾的浓度；

m——样品重(g)。

四、注意事项

(1) 对于一些已知仅含有KCl、K_2SO_4等易溶性钾肥的复合肥，可以用水溶液振荡浸提的办法处理样品，不必用酸煮沸提取。

(2)用浓HCl煮沸样品时,一些肥料(草木灰)含有较多的碳酸盐,会剧烈反应放出气体,可能引起损失,所以加HCl时要小心滴加,并且要先加一定量的蒸馏水。

五、思考题

(1)为什么用酸煮而不是用水提取钾肥全钾?什么情况下可以用水提取?

(2)测草木灰全钾,消煮操作中应注意什么?

实验二十五 饲草无土栽培培养液的配制

一、实验目的和意义

通过本实验的学习,掌握无土栽培营养液的配制方法;明确各营养成分对植物体生长所起的作用及化学机能;了解一般性营养液栽培所需的材料和用具。

二、仪器和试剂

1. 仪器和用具

无土栽培装置:无土栽培所需装置主要包括栽培容器、贮液容器、营养液输排管道和循环系统。

栽培容器:主要指栽培饲料作物的容器,常见有较大型的无土培养池、塑料钵、瓷钵、玻璃瓶、金属钵和瓦钵等。

贮液容器:包括营养液的配制和贮存用容器,常用塑料桶、木桶、搪瓷桶和混凝土池,容器的大小要根据栽培规模而定;营养液输排管道一般采用塑料管和镀锌水管;循环系统主要由水泵来控制,将配制好的营养液从贮液容器抽入,经过营养液输排管道,进入栽培容器。

分析天平、小烧杯、玻璃棒、容量瓶等。

2. 试剂和材料

蒸馏水、KNO_3、$Ca(H_2PO_4)_2$、$CaSO_4+ Ca(H_2PO_4)_2$、$MgSO_4$、H_2SO_4、$ZnSO_4$、$MnSO_4$等。

三、实验方法和步骤

1. 消毒

对于无土栽培,植物体感染病毒的几率相对较大,细菌与病毒很容易在营养富足条件下滋生,繁殖。故配制营养液时应首先对所用的器皿进行消毒,充分洗净。方法是把器皿放到沸水中煮片刻。

2. 称量

用分析天平称取 KNO_3 542 mg、$Ca(NO_3)_2$ 96 mg、$CaSO_4+Ca(H_2PO_4)_2$ 135 mg、H_2SO_4 14 mg、$FeSO_4$ 3 mg、$Na_2B_4O_7$ 1.7 mg、$ZnSO_4$ 0.4 mg、$CuSO_4$ 0.6 mg、$MnSO_4$ 2 mg。分别置于 50 mL 容量瓶中稀释。把稀释的溶液移至 1000 mL 容量瓶中。对于 H_2SO_4 的选取要根据植物的耐酸或耐碱量而定。

3. 定容

把容量瓶中的溶液充分摇匀,定容,即得所需的无土栽培营养液。

4. 其他无土栽培液配制方法

配制无土栽培营养液的方法很多,实验中我们只是选取了其中的一种方法。以下是一种常用的营养液配方,请自行配制:

(1) 大量元素:KNO_3 3 mg、$Ca(NO_3)_2$ 5 mg、$MgSO_4$ 3 mg、$(NH_4)_3PO_4$ 2 mg、K_2SO_4 1 mg、KH_2PO_4 1 mg。

(2)微量元素:(应用化学试剂)EDTA-2Na 100 mg、$FeSO_4$ 75 mg、H_3BO_3 30 mg、$MnSO_4$ 20 mg、$ZnSO_4$ 5 mg、$CuSO_4$ 1 mg、$(NH_4)_6Mo_7O_{24} \cdot 4H_2O$ 2 mg。

(3)自来水 5000 mL:将大量元素与微量元素分别配成溶液,然后混合起来即为营养液。微量元素用量很少,不易称量,可扩大倍数配制,然后按同样比例缩小抽取其量。例如,可将微量元素扩大100倍称重化成溶液,然后提取其中1%溶液,即所需之量。营养液无毒、无臭、清洁卫生,可长期存放。

栽培试验:在教师指导下,选用栽培容器,在营养液内播种饲料作物种子,观察其生长状况,需要时,补充营养液,直到成坪为止,记录生长过程。

四、注意事项

(1)配制无土栽培营养液的肥料应以化学态为主,在水中有良好的溶解性,并能有效地被饲草吸收利用。不能直接被吸收的有机态肥料,不宜作为饲料作物的营养液。

(2)营养液是无土栽培所需矿质营养和水分的主要来源,它的组成应包含饲草所需的全部成分,如 N、P、K、Ca、Mg、S 等大量元素和 Fe、Mn、B、Zn、Cu 等微量元素。营养液的总浓度不宜超过0.4%,对绝大多数植物来说,它们需要的养分浓度宜在0.2%左右。

(3)根据饲草的种类和栽培条件,确定营养液中各元素的比例,以充分发挥元素的有效性和保证饲料作物的均衡吸收,同时还要考虑饲草生长的不同阶段对营养元素要求的不同比例。

(4)水质是决定无土栽培营养液配制的关键,所用水源应不含有害物质,不受污染,使用时应避免使用含 Na^+ 大于 50 $\mu L \cdot L^{-1}$ 和 Cl^- 大于 70 $\mu L \cdot L^{-1}$ 的水。水质过硬,应事先予以处理。

五、思考题

(1)营养液营养成分对植物体生长的作用有哪些?

(2)无土栽培常用装置有哪些?

实验二十六　饲草溶液培养及缺素症状的观察

一、实验目的和意义
掌握植物溶液培养方法；掌握植物常见缺素症状及判断方法。

二、仪器和试剂

1. 仪器和用具
分析天平、小烧杯、人工气候箱、高压灭菌锅、石英砂、容量瓶、移液管、量筒、玻璃棒、pH计或广泛pH试纸、记号笔、泡沫塑料等。

2. 试剂和材料
试剂：如表3-1所示，所用药品均需分析纯。
材料：饲草作物的种子或营养枝条。

表3-1　完全溶液培养贮备液

大量元素		微量元素	
药品名称	用量(g/L)	药品名称	用量(g/L)
$Ca(NO_3)_2$	82.07	H_3BO_3	2.860
KNO_3	50.56	$MnSO_4$	1.015
$MgSO_4$	61.62	$CuSO_4·5H_2O$	0.079
KH_2PO_4	27.22	$ZnSO_4·7H_2O$	0.220
$NaNO_3$	42.45	H_2MoO_4	0.090
$MgCl_2$	23.81	$MnCl_2·4H_2O$	1.324
Na_2SO_4	35.51	$CuCl_2·2H_2O$	0.054
$CaCl_2$	55.50	$ZnCl_2$	0.104
KCl	37.28		
Fe-EDTA：EDTA-2Na	7.45		
$FeSO_4·7H_2O$	5.57		

(摘录自罗富成、毕玉芬、黄必至，2008)

三、实验方法和步骤

1. 幼苗培育
将取回的饲料作物营养枝用水洗净，除去枯萎枝叶，植于洗净的石英砂中，于人工气候箱中保湿、光照培养，植株恢复生长后待用。

2. 培养液的配制
(1)完全溶液培养的贮备液配制：按表3-1所列各化合物的量，分别配制贮备液1000 mL。

(2)缺元素培养液配制:按表3-2所示各贮备液用量进行配制。配制时先取蒸馏水90 mL,然后加入贮备液,最后配制成100 mL,以避免产生沉淀。营养液配好后,用0.1 mol·L^{-1} NaOH或0.1 mol·L^{-1} HCl调pH至5~6。

表3-2 缺元素培养液配制比例(贮备液用量)

贮备液名称	完全	-N	-P	-K	-Ca	-Mg
$Ca(NO_3)_2$	1	—	1	1	—	—
KNO_3	1	—	1	—	1	1
$MgSO_4$	1	1	1	1	1	—
KH_2PO_4	1	1	—	—	1	1
Fe-EDTA	0.1	0.1	0.1	0.1	0.1	0.1
$NaNO_3$	—	—	—	1	1	—
Na_2SO_4	—	—	—	—	—	1
$CaCl_2$	—	1	—	—	—	—
KCl	—	1	0.25	—	—	—
H_3BO_3	0.1	0.1	0.1	0.1	0.1	0.1
$MnSO_4$	0.1	0.1	0.1	0.1	0.1	0.1
$CuSO_4$	0.1	0.1	0.1	0.1	0.1	0.1
$ZnSO_4$	0.1	0.1	0.1	0.1	0.1	0.1
H_2MoO_4	0.1	0.1	0.1	0.1	0.1	0.1

(摘录自罗富成、毕玉芬、黄必至,2008)

3. 培养观察

(1)移植:彻底洗净小烧杯。将小烧杯用蒸馏水洗净,再用HNO_3约10 mL消毒和除去其他离子。用自来水洗净硝酸(用pH试纸检测),再用蒸馏水冲洗两遍即可使用。将配好的缺元素营养液分别盛于小烧杯中,贴上标签;选取大小一致的植株,插入小烧杯的孔中,每孔1株。根据需要,可测定每株苗的起始鲜重与株高。每种饲草每个处理种植3缸。将小烧杯移到温室或人工气候箱光照培养,注意有一定的昼夜温差。

(2)培养观察:经常观察,注意管理,用蒸馏水补充小烧杯中失去的水分,实验开始后经常通气。每周更换营养液1次。每天观察植物的生长情况,每周记录1~2次(表3-3),特别要注意营养缺乏症状及出现日期。连续培养4周后方可结束实验。

四、注意事项

高压灭菌锅操作过程中注意动作规范,小心使用。

五、思考题

(1)完全溶液培养的贮备液有哪些成分?
(2)缺元素培养液如何进行pH值的调整?

表3-3 饲料作物缺素培养观察记录表

处理	地上部						地下部				症状及出现日期	备注
	株高	叶数	叶色	茎色	分蘖数	鲜重	根数	根长	根色	鲜重		
完全												
缺N												
缺P												
缺K												
缺Ca												
缺Mg												

饲料作物缺乏矿质元素病症检索表

1. 植株浅绿,下部叶片发黄,干燥时呈褐色,茎短而细,生长盛期,老叶从叶尖沿中脉呈V形向基部枯黄 ············ 缺氮

2. 植株深绿,常呈红色或紫色,心叶以下2~3片叶尖发黄,干燥时暗绿,茎短而细 ············ 缺磷

3. 植株淡绿色,下部叶片发黄,叶片脉间逐渐出现红白坏死斑点,斑点散布在整个叶片,叶片生长畸形,叶缘弯曲,缺绿时常不出现明亮颜色 ············ 缺钼

4. 叶脉间明显失绿、淡绿或近白色,出现清晰网状脉纹,有多种色泽斑点,茎细,叶柄纤弱 ············ 缺镁

5. 叶尖、叶缘及斑点周围失绿,叶缘下卷,叶柔弱,叶色暗,茎细,叶柄纤弱,易倒伏 ············ 缺钾

6. 脉尖失绿,坏死斑点可在整个叶片出现,最后扩及叶脉和主脉,呈黄、白色,株矮,叶厚,叶柄短,顶叶直立,生长停止 ············ 缺锌

7. 新叶或顶芽受影响,顶芽死亡,幼叶变形坏死,叶尖初呈钩状,相互粘连,不易伸展,后从叶尖和叶缘开始死亡,幼龄叶芽失绿,顶芽死亡,整株仍绿色。严重时饲料作物红棕色枯焦坏 ············ 缺钙

8. 芽弯处和叶基部先失绿,尖端短时期仍显绿,中脉脆弱易折断,叶片向下卷曲,从基部死亡,茎、叶柄变粗,叶片变厚 ············ 缺硼

9. 幼叶灰绿、萎蔫常干卷捻纸状,无病斑或出现白色叶斑,下位叶前半黄化,茎尖弱 缺铜

10. 幼叶不萎蔫,脉间失绿,有坏死斑点 ············ 缺锰

11. 脉间失绿,呈白色或淡黄色,有清晰网状花纹 ············ 缺铁

12. 叶及叶脉淡绿色,失绿均一,叶脉色更淡,心叶黄化 ············ 缺硫

13. 全株受影响。植株萎缩,叶片变小,叶片缺绿坏死变褐色。根生长缓慢,加厚,根尖棒 ············ 缺氯

实验二十七　饲料作物施肥量的估算

一、实验目的和意义

合理施肥是实现高产、稳产、环保的一个重要措施。要做到因土施肥、看地定量；根据各类作物需肥要求，合理施用；掌握关键、适期施肥；深施肥料、保肥增效；有机肥与无机肥配合施用。

本实验目的是了解计量施肥的确定依据；制定合理的施肥方案；掌握计量施肥结果的分析方法。

二、仪器和试剂

1. 仪器和用具

计算器、粗天平、剪刀、钢卷尺、样盒或样袋、土钻、肥料撒播机等。

2. 材料

各种饲草所需的有机肥和无机肥。

三、实验方法与步骤

1. 原理

计量施肥即土壤测试和植物分析相结合的养分平衡计量施肥法，是现代农业科技新成果，其特点是把土壤测试和植株分析有机地结合起来，按照饲料作物生育期间所需要的养分量和土壤速效养分含量来确定肥料的适宜施用量。

2. 适宜的施肥时间

饲草施肥时间受饲草利用目的、季节变化、大气和土壤的水分状况、饲草修剪后草屑的数量等因素的影响。从理论上讲，一年内饲草有春、夏、秋三个季节性施肥期。除此之外，可根据饲草的外观特征，如叶色和生长速度等来确定施肥时间，如在生长季节，当饲草老叶色泽褪绿转黄、密度下降、饲草变得稀疏、细弱时需施氮肥；饲草老叶片变成暗绿色，叶脉基部和整个叶缘变成紫色，植株矮小，叶片窄细，分蘖少，应施磷肥；饲草株体节部缩短、叶脉发黄、老叶枯死时，应施钾肥。

3. 适宜的施肥量

以饲草本身的需肥特征、土壤的肥力状况及饲草的养护管理水平等因素为依据，结合土壤养分测定结果和饲草的营养状况以及施肥经验综合确定施肥量。

$$M = \frac{N-B}{W-E}$$

式中：M——计划施肥量（$kg \cdot hm^{-2}$）；
　　　N——草地养分需要量（$kg \cdot hm^{-2}$）；
　　　B——土壤可供养分量（$kg \cdot hm^{-2}$）；
　　　W——肥料中某养分含量（%）；
　　　E——该肥料利用率（%）。

4. 施肥方法

饲草的施肥方法可分为基肥、种肥和追肥。一般基肥的施用方法分撒施、条施、分层施用和混合施用;种肥施用方法因播种方式而异,采用沟播、穴播时,相应采用沟施和穴施,亦可在种子进行丸衣化处理时加入肥料制成丸衣种子;用作追肥的肥料主要为速效的无机肥料,可撒施、条施、穴施或结合人工降雨灌入或通过喷雾器进行叶面施肥等。

5. 施肥实例

(1)试验设计:试验共设19个小区,小区面积1 m×1 m,重复3次。

(2)试验处理:见表3-4。

表3-4 饲草施肥试验处理

试验处理		肥料种类及其用量
对照	0	——
混合肥	1	羊粪:1 kg·m^{-2}+N,8 g·m^{-2}+P$_2$O$_5$,6 g·m^{-2}+K$_2$O,4 g·m^{-2}
	2	羊粪:1 kg·m^{-2}+N,4 g·m^{-2}+P$_2$O$_5$,3 g·m^{-2}+K$_2$O,2 g·m^{-2}
	3	羊粪:1 kg·m^{-2}+N,2 g·m^{-2}+P$_2$O$_5$,1.5 g·m^{-2}+K$_2$O,1 g·m^{-2}
无机肥	4	尿素:10 g·m^{-2}
	5	尿素:20 g·m^{-2}
复合肥	6	33 g·m^{-2}(如含N 12%,P$_2$O$_5$ 8%,K$_2$O 7%)

(3)施肥量计算:具体的施肥量计算方法见例题。

例题:土壤分析结果表明,某饲草每1000 m^{2}应施N素2 kg,P素2 kg,K素1 kg。待施肥饲草总面积是15000 m^2。现有肥料:磷酸一铵200 kg(11—47—0);硝酸铵100 kg(35—0—0);氯化钾100 kg(0—0—60)。肥料上的标签是以N—P$_2$O$_5$—K$_2$O的形式和次序表明的,那么每一种肥料应各施多少?

解:①先确定饲草需N、P和K素的总量

$$N: \frac{2 \text{ kg}}{1000 \text{ m}^2} \times 15000 \text{ m}^2 = 30 \text{ kg}$$

$$P: \frac{2 \text{ kg}}{1000 \text{ m}^2} \times 15000 \text{ m}^2 = 30 \text{ kg}$$

$$K: \frac{1 \text{ kg}}{1000 \text{ m}^2} \times 15000 \text{ m}^2 = 15 \text{ kg}$$

②其次,确定施用30 kg的P$_2$O$_5$需要多少磷酸一铵。从题意得知每100 kg磷酸一铵含有47 kg的P$_2$O$_5$,而P$_2$O$_5$的含磷量是44%,那么每100 kg的磷酸一铵含有:

$$P: \frac{0.44 \text{ kg}}{1 \text{ kg P}_2\text{O}_5} \times 47 \text{ kg P}_2\text{O}_5 = 20.7 \text{ kg}$$

③现在,施 30 kg P_2O_5 磷酸一铵的总量是:

$$\frac{X}{30\ kg} = \frac{100\ kg 磷酸一铵}{20.7\ kg}$$

X=145 kg(磷酸一铵)

④因为磷酸一铵含 N 为 11%,所以所需 N 量在施 P 肥的时候已部分地得到补充,其 N 素的补充量是:

$$\frac{Y}{145\ kg 磷酸一铵} = \frac{11\ kg}{100\ kg 磷酸一铵}$$

Y=16 kg

⑤因为共需要 30 kg N,剩下的 14 kg 需由硝酸铵提供:

$$\frac{Z}{14\ kg} = \frac{100\ kg 硝酸铵}{35\ kg}$$

Z=44 kg 硝酸铵

⑥氯化钾(0—0—60)含 K_2O 为 60%,而 K_2O 含 K 为 83%,下面先计算 100 kg KCl 含 K 是多少:

$$\frac{W}{60\ kg\ K_2O} = \frac{0.83\ kg}{1\ kg\ K_2O}$$

W=50 kg

⑦因为饲草施肥共需 15 kg 的钾,则需 KCl:

$$\frac{V}{15\ kg K} = \frac{100\ kg\ KCl}{50\ kg\ K}$$

V=30 kg

⑧小结:1000 m^2 施 2 kg N 和 P,施 1 kg K,那么 15000 m^2 的饲草施用量如下:

磷酸一铵 145 kg;硝酸铵 44 kg;氯化钾 30 kg。

另外施肥应用专用机械分来回二次或一次(重叠 20%~50%)均匀撒施,否则很容易留下黄绿相间色带,影响饲草质量。

四、结果分析

饲草施肥结果的分析一般按弗佛尔方法的基本理论:在一定技术条件下,施肥量是有限度的,并不是越多越好。增加施肥量时,初始的肥料投资收益较大,随后的连续投资其经济效益逐渐降低,超过最高产量的用肥量后,再一味增施肥料反而导致减产。这里我们把饲草观测项目的总分作为产量进行计算。

(1)饲草性状最佳(即积分最高)时施肥量的确定:先根据弗佛尔原理建立二元肥料方程:$y = b_0 + b_1 x + b_2 x^2 + b_3 z + b_4 z^2 + b_5 xz$;根据达到最高产量时,边际产量(dy/dN)和(dy/dP)等于零的原则,令上述方程偏导数等于零并解联立方程:

$dy/dN = b_1 + 2b_2 N + b_5 P$(N 肥的边际产量)= 0

$dy/dP = b_3 + 2b_4 N + b_5 N$(N 肥的边际产量)= 0

便可求得饲草性状最佳时的需 N 肥和 P 肥量。

(2)经济最佳施肥量的确定:按饲草性状最佳时施肥,往往并不合算。

所谓经济最佳施肥量就是在保证饲草性状标准化的前提下寻求最经济的施肥量。因为绝大多数情况下边际成本 $P_x/P_y \neq 0$(P_x 为肥料单价,P_y 为饲草价格),所以最佳性状施肥量不是经济最佳施肥量。因此,根据最佳施肥量时,边际收益等于边际成本($dy \times P_y = dN \times P_N$ 或 $dP \times P_p$)的原则:

$dy/dN = P_N/P_y$ 或 $b_1 + 2b_2N + b_5P = P_N/P_y$

$dy/dN = P_p/P_y$ $b_3 + 2b_4P + b_5N = P_p/P_y$

计算的结果就是最经济时的施 N 量或施 P 量。

五、注意事项

施肥试验中,施肥的时间和方法要统一。

六、思考题

(1)计量施肥的确定依据是什么?

(2)弗佛尔方法的基本理论是什么?

参考文献:

[1] 罗富成,毕玉芬,黄必志主编. 草业科学实践教学指导书. 昆明:云南科技出版社,2008

[2] 龙瑞军. 草坪科学实验实习指导. 北京:中国农业出版社,2004

[3] 林沛林,李一平,龚日新. 无土栽培营养液配方与管理. 中国瓜菜. 2012,25(3):61-63

[4] 北京农业大学编. 肥料手册. 北京:中国农业出版社,1979

[5] 北京农业大学编. 简明农业词典:土壤、肥料、农田规划与测量分册. 北京:科学出版社,1983

[6] 赵义涛主编. 土壤肥料学. 北京:化学工业出版社,2009

[7] 王荫槐主编. 土壤肥料学. 北京:中国农业出版社,1992

[8] 夏冬明主编. 土壤肥料学. 上海:上海交通大学出版社,2007

第四部分 饲草种子评价

实验二十八 饲草种子形态特征的识别

一、实验目的和意义

饲草种子是饲草栽培、人工草地建设及天然草地改良等方面的必备材料。种子形态是植物中最稳定的特征之一。由于种子细小,形态上相似,要仔细观察,掌握其特征,学会种子鉴定方法;熟悉和识别不同属、种的种子的形态特征;这些对种子的繁殖、生产、贮藏、播种、调运等均有极其重要的意义。通过本实验,学会各种鉴定种子的方法,以便识别。

二、材料和用具

(1)仪器和用具:解剖镜、镊子、解剖针、刀片、放大镜、白纸板、谷物扩大检查镜等。

(2)材料:各种豆科、禾本科种子样品。

三、实验方法和步骤

1. 用种子的外部形态特征识别种子

(1)形状和大小

观察禾本科、菊科、十字花科、葫芦科的种子时,将种脐朝下,具有种脐的一端称之基端,反之称上端或顶端。但豆科种子的种脐多在腰部,遇到这类种子有2种方法:一是仍将种脐朝下,这样,常是种子长小于宽;二是胚根尖朝下,其种瘤多在种子下半部,甚至基部。种子上下端的确定,决定着种子的形态,否则会出现上下颠倒、卵形和倒卵形不分的混乱现象。

测量种子大小,即长、宽、厚。所谓长即上下端之间的纵轴的长度,与纵轴相垂直的为宽或厚。方法是取种子10粒,置于谷物扩大检查器上,横面相接,量其总长后平均算出其宽度;再纵端相接,量其总长度后算出其长度。

(2)种脐形状和颜色

豆科种脐的位置可以分为在中部、中部偏上或中部偏下三类;又分圆形、椭圆形、卵形、长圆形或线形。有的种子呈环线形、长达种子圆周长的75%,如野豌豆等。

(3)种子表面特点

表面特点包括颜色、光滑或粗糙、是否光泽。所谓粗糙,是由皱瘤、凹、凸、棱、肋、脉或网状引起的。瘤顶可分尖、圆、膨大、周围有否刻蚀;瘤有颗粒状、疣状、棒状、乳头状以及横卧棒状和覆瓦状。网状纹有正网状纹和负网状纹,一个网纹分网脊和网眼。半个网脊和网眼称网胞,网胞有深浅,有不同形状。

(4)种子附属物

附属物包括翅、刺、毛、芒、冠毛。翅仅在种子顶端,或下延到种子中部甚至中部以下。芒着生的位置在稃尖或稃脊的中部,芒是挺直、扭曲或有关节等;禾本科基刺的有无,及其数目、长短、形状等均应说明。

2. 种子内部结构识别种子

单纯依靠形态特征鉴定到种有困难时,可以辅以内部结构。目前主要方法有2种,一是以胚的位置、形状、大小等差异来分类。种子的剖面对确定1个属或科起着决定性作用。蓼科的酸模属和蓼属的某些种的种子外形极为相似,但其横切面迥然不同,酸模属的胚在三角形一边的中间,而蓼属胚却在三角形的1个角内。豆科甘草属的荚果与菊科的苍耳种子外形相似,但切开以后,发现前者是1颗豆,后者是2颗小种子。另一种是以种皮横切面的细胞结构不同为分类依据,如豆科是以构成种皮栅状层细胞的粗大不一为依据。

四、注意事项

不同种子生长环境条件不同,其部分形态特征略有差异,应注意全面识别。

五、思考题

除了上述种子形态特征的识别方法,在日常生活或实验中还有什么简单的种子形态特征识别方法?

实验二十九　饲草种子丸衣化的制作

一、实验目的和意义

牧草种子丸衣化就是在种子表面均匀地包上一层物质,从外表看不出种子,简称包衣种子或球化种子、种子丸。经包衣处理的种子,播种后能在土壤中建立适于萌发的微环境。丸衣材料主要是干燥剂、黏合剂,根据需要还可有杀菌剂、杀虫剂、除草剂、肥料等添加剂,豆科牧草种子还应加入与牧草种类相一致的根瘤菌剂。

牧草种子大多数都带有芒、茸毛,种子细小、重量轻等特点,其流动性、散落性差,不利于播种。丸衣化可以除去芒或茸毛等种子附属物,加大种子重量,增强种子流动性,以利于精量播种或飞播。丸衣化的牧草种子有更强的环境适应能力、更高的活力,使用丸衣化种子可缩短出苗时间,提前成苗,其幼苗有发达的根系,抗病力强,生长势强,生长健壮,增强了抗干旱抗低温的能力。我国种子丸衣化技术的开发与应用虽然起步较晚,但发展较快,已逐渐形成科研、开发、生产、应用推广系列化,种子丸衣化技术取得了明显的社会效益和经济效益,为我国农业生产带来了一次新的技术革命。学会牧草种子丸衣化的制作、提高丸衣化种子质量、生产大量丸衣化种子供生产需要,对于提高牧草播种质量、促进草业发展都具有重要意义。

二、材料和用具

1. 仪器和用具

电子天平、量筒、恒温水浴锅、温度计、大烧杯、小烧杯、研钵、帆布、钢筛(300目以上)、玻璃棒、口缸。

2. 材料

种子材料:各种牧草种子,包括主要的豆科与禾本科牧草种子。

丸衣材料:

(1)干燥剂:钙镁磷肥、磷矿粉、滑石粉、石膏粉、膨润土、白云石(碳酸镁)细粉等;

(2)黏合剂:松香、阿拉伯树胶、羧甲基纤维素钠、木薯粉、胶水、糖等;

(3)各种根瘤菌剂;

(4)肥料、农药:钼酸铵、磷酸二氢钾、杀菌剂、杀虫剂等。

三、实验方法和步骤

1. 黏合剂的制备

将40 g阿拉伯树胶加到100 mL的温水中(40 ℃),在恒温水浴锅上操作加热至40 ℃,制成40%的阿拉伯树胶,或将4 g羧甲基纤维素钠加到100 mL温水中,制成4%的羧甲基纤维素钠胶液,边加边搅拌,直到胶粉完全溶解为止。忌将粘合剂一次全部加入水中,以免胶粉粘合结成团而不能完全溶解,待胶液冷却后待用。

2. 黏合剂与根瘤菌剂混合

根据配方,在冷却的胶液中加入适当的根瘤菌制剂,充分搅拌并使菌剂与胶液混合均匀。

3. 丸衣材料预处理

干燥剂和肥料(钙镁磷肥)必须很细,如颗粒超过300目,必须先充分研磨细碎,使其颗粒不高于200~300目。肥料也需很细,否则也应预先磨细。本实验选用的钼酸铵用量少,为使所有种子都能黏上微量元素,需将钼酸铵磨细先与干燥剂钙镁磷肥充分拌匀。

4. 丸衣种子制备

将种子放入容器中,然后倒入适量拌有根瘤菌剂的胶液,充分搅动,让种子粘上胶液,然后将这些种子放在帆布上,倒入适量钙镁磷肥。然后由两人抓住帆布四角迅速来回拉,让干燥剂黏附在种子表面,并滚动成球,完成丸衣过程。

四、注意事项

(1)包衣能否成功,关键在于混入粘合剂的比例及其混合时间,粘合剂过多易使种子结块,过少起不到包衣作用。

(2)合格的包衣种子,表面应是干燥坚固的,能抵抗适度的压力和碰撞。包衣种子视有效剂材料的不同,有效期是有限的。原则上应尽早播种,播种时应视包衣敷料的重量而重新调整播量。

(3)优等的包衣种子应具备的条件:种子完全被包衣材料包裹,丸粒干燥后能在手指尖轻微滚动,种球外表无松散丸衣材料,丸粒掉地后不损坏。

(4)过磷酸钙不能用作包衣材料,否则会因含有游离酸而杀死根瘤菌,并影响牧草出苗,对根瘤菌和牧草幼苗有害,也不能当包衣材料。

(5)黏合剂 pH 以中性最佳。

五、思考题

(1)不同牧草种子的丸衣原料配方的特点、适用范围是什么?如何正确选取丸衣原料和配方?

(2)怎样用不同配方制作丸衣种子,如何提高制作质量?

实验三十　豆科牧草种子的硬实处理

一、实验目的和意义

豆科、锦葵科、藜科、樟科、百合科等植物种子,有坚厚的种皮、果皮,或附有致密的蜡质和角质,被称为硬实种子或石种子。这类种子往往由于种壳的机械压制或由于种(果)皮不透水、不透气阻碍胚的生长而呈现休眠,如莲子、椰子、苜蓿、紫云英等。这类种子要经过一定处理才能播种,否则常会造成缺苗或出苗不整齐的现象。所以豆科牧草种子在播种前要检查硬实率,对硬实率高的种子需采取一定措施,以提高种子发芽率和播种质量。

二、仪器和试剂

1. 仪器和用具

研钵、烘箱、恒温培养箱、烧杯、培养皿、直尺、镊子、纱布、滤纸、滴管、土壤刀、玻璃棒、剪刀、橡皮筋、透明胶、pH试纸、山砂、标签纸等。

2. 试剂和材料

试剂:浓硫酸、10%硫酸、浓盐酸、10%盐酸、10%氢氧化钠、甘油、无水乙醇等。

材料:多种豆科牧草种子,如百脉根、多变小冠花、绛三叶、杂三叶、草莓三叶、苜蓿等。

三、实验方法和步骤

1. 硬实率测定

采用吸胀法,即将种子浸入温水,在20 ℃~30 ℃环境下经过2 d,检查未吸胀的种子,并将结果记入表4-1,算出硬实率。

2. 硬实种子处理

(1)原理

由于硬实种子的种皮具有不透水、不透气性和对胚具有机械阻碍作用,所以只要设法将种皮的不适性和对胚的机械阻碍打破,即可解除硬实,提高发芽率。

(2)操作步骤

①物理处理法

1)机械处理:将少量种子放在研钵中研磨几分钟,将种皮磨破,也可用刀片切破种皮或去除种皮,只要避开胚轴和胚根的部位,不造成种皮损伤则可。数量多时则以机械摩擦为宜,通常用小型种子摩擦机或电动磨米机去除种皮,碾磨程度以破皮而不伤种仁为宜。

2)低温处理:将种子置于0 ℃~10 ℃的低温条件下,处理7 d。低温处理不仅可以提高发芽率还能提高酶活性,增强水解作用,促进种子内部抑制物质分解,破除休眠。

3)高温处理:高温烫种可以软化种皮,去掉种皮表层的蜡质和油脂,提高透性和浸出种子内发芽抑制物,是最常用的一种处理方法。高温浸种时间应视种子大小、种皮厚薄及水温而定。如金合欢属植物和黑荆树的种子用90 ℃热水烫种,冷却后再浸泡24 h;火炬树种子用70 ℃~90 ℃高温烫种0.5 h后,把温度降至40 ℃,自然冷却浸种24 h;车轴草属种子放入75 ℃的热水中浸5 min,均可获得较高发芽率,且发芽整齐。

4)干湿交错方法:先将种子置于水中浸泡 24 h,然后白天放在太阳下曝晒,夜间转至凉爽处,并不断加一些水保持种子湿润,当大部分种子膨胀时,就可根据墒情播种。

5)其他物理方法:种子经电离辐射处理后,产生复杂的综合效应,主要是活化生长酶,从而活化各种生化过程,促进萌发。常用的电离辐射方法是用 X 射线、紫外线或激光照射种子。超声波对种子的效应也很复杂,但一般认为其通过影响种子内部的生理生化反应而影响萌发,但超声波处理种子,其处理效果与剂量和时间有关。强烈超声波振荡作用对细胞有一定的破坏力,用超声波处理农作物或林木种子时,一定要先做试验,再进行大批量种子处理。此外,用高压处理一些硬实种子也有显著效果,如四棱豆、黄香草木樨和苜蓿种子在高大气压下处理后,发芽率大为上升。

②化学处理法

1)酸处理:将少量种子放入烧杯,用滴管滴加 10%稀硫酸(或 10%稀盐酸),按不同种子浸泡 15~30 min,以种皮出现纹孔即可取出,后滤去酸液,用清水反复冲洗。

2)碱处理:碱处理可破坏种皮表面的油层及蜡层,从而增加种皮透性,打破休眠。将少量种子放入烧杯中,用滴管滴加 10%NaOH 溶液浸泡 10 min,取出种子用清水反复冲洗至中性。

3)无水乙醇处理:将种子放入烧杯中,加适量无水乙醇浸泡处理,8 min 后取出待用。

4)其他化学处理:用双氧水和次氯酸盐等化学药剂处理,以损伤种皮,使较难透水透气的种皮破裂,可增强透性,促进种子萌发。其他一些化学物质如丙酮、乙醇、氯仿、聚乙二醇和植物激素(如细胞分裂素和生长素),在适当处理后有时也能打破硬实种子休眠。

3. 硬实处理效果的检验

将上述处理的种子各取三份,每份 100 粒,未处理种子取 100 粒作为对照,做发芽实验。并将结果记入表 4-2。

表 4-1 豆科牧草种子硬实结果记录表

重复	试样名称数量	吸胀种子			硬实种子	硬实率(%)
		第一天	第二天	第三天		
重复 1						
重复 2						
重复 3						

表 4-2 硬实处理效果记录表

处理	重复	发芽日期及粒数					未发芽粒数		发芽率(%)
		日/月	日/月	日/月	日/月	日/月	霉烂	死亡	
	重复 1								
	重复 2								
	重复 3								

四、注意事项

(1)低温处理种子时,有些植物种子通过冷冻处理后可破坏硬实种皮,也可用液态氮处理,改变种皮透性。

(2)酸处理种子时,以种皮出现纹孔即可取出,但处理时间较难控制,特别是对于种皮较薄的种子,如果处理时间过长,就会损伤种子;处理后的冲洗要彻底,不然易造成酸害;未处理好的硬粒种子要反复处理;虫害较严重但仍有萌发能力的种子,硫酸容易通过伤口使这些种子丧失发芽能力。

(3)由于硬实休眠的原因有三个方面,即种皮不透水、不透气和机械限制,但许多硬实种子是三者兼而有之,我们应选择合适的方法来破除种子的硬实。

五、思考题

(1)通过酸、碱处理种子硬实的方法,各有什么优缺点?

(2)在掌握几种常见的打破种子硬实方法的同时,还有哪些常见且实用的方法?

实验三十一　饲草种子的品质检验

一、实验目的和意义

牧草的种子是牧草生产的重要生产指标之一。种子品质的好坏直接影响到播种的质量和饲草饲料的产量。因此,生产上为了保证能用上优良的播种材料,必须借助先进的检测方法,同时也能保证种子的贮藏、运输的安全,防止杂草、病虫害的传播。

本实验的目的在于了解取样的步骤与方法;熟悉播种材料品质检验的内容和方法;掌握播种量的计算方法;熟悉环境因子,如温度、水分和气体对种子发芽的影响,掌握种子实验室发芽试验和种子田间育苗发芽试验的方法。

二、仪器和材料

1. 仪器和用具

扦样器、分样器、电子天平、直尺、硬纸板、镊子、培养皿、小烧杯、沙子、滤纸、恒温培养箱或人工气候箱、标签纸、滴瓶、温度计、记载板等。

2. 材料

材料:各种饲草种子。

三、实验方法和步骤

1. 取样

(1)抽取原始样品:根据种子存放方式和数量决定取样的方法和数量。

①袋装种子:凡是同一单位、同一批次、同一产地的材料在3袋以下者每袋皆取;4~30袋者扦取其中3袋;31~50袋者,扦取其中5袋;51~100袋者,扦取其10%。取样重量每袋取200~500 g;100袋以下者,共约取3 kg;101~400袋者,约取4 kg,最低不得少于1 kg。

②堆放种子:按种子堆放面积分区设点,每区取四角加中心点,每点再分层取样。堆层高度在2 m以下者,取上下2层;2 m以上者,分上、中、下三层取样。堆放面积500 m²以上者,每区应小于100 m²;100~500 m²者,不超过50 m²,用扦样器逐点逐层选取一定数量样品。

(2)分取平均样品:平均样品是从上述样品中抽取一部分供实验室分析之用。

①分样器分样:即用专用的分样器分样。目前常用的有钟鼎式分样器。将全部样品混合后,通过分样器分成二等份,去其一份,将另一份连续分样到所取的数量为止。分样器只适用于从大量的原始样品中分取平均样品,样品少于50 g时一般不用此方法分样。

②四分法:将样品倒于平滑的桌面,均匀搅拌,堆成1~2 cm厚的正方形或圆形,按对角四等分,将相对的2份种子除去,将剩下的2份混匀搅拌,再分样,直到最后所需的数量为止。平均样品的重量,禾本科牧草大粒种子50~150 g,小粒种子20~25 g;豆科牧草大粒种子200~500 g,小粒种子20~50 g;玉米等饲料作物种子500~1000 g。

2. 净度的测定

净度是指从被检牧草种子样品中除去杂质和其他植物种子后,被检牧草种子重量占样品总重量的百分率。种子净度是衡量种子品质的一项重要指标,并以此判断该样品所属种子批的组成情况,为计算种子用价提供依据;同时分离出的净种子可用作其他项目的检验,为材料的利用价值提供依据。

(1) 分取试样

将平均样品用对角线分样法分取。净度样品的最低重量为:

大粒种子:豆科15~35 g,禾本科12~25 g;

小粒种子:禾本科7~10 g,豆科3~8 g;

饲料作物种子:50~550 g。

(2) 剔除杂质、废种

凡是夹杂在种子中的杂质以及不能当作播种材料用的废烂种子都要把它们一一除去。

(3) 称重与计算

将上述试样重量记录下来,再称其杂质,废烂种子的重量按下式计算:

$$W = \frac{m - m_1}{m} \times 100\%$$

式中:W——种子净度(%);

m——试样重(g);

m_1——杂质重(g)。

为了求得正确的种子净度,应进行2次以上重复,测定的算术平均值即为该批种子的净度。

3. 种子发芽势、发芽率的测定

种子发芽率是指种子在适宜条件下发芽,并能长成正常种苗的能力,通常用发芽势和发芽率表示。发芽率高表示有生命的种子多,而发芽势高则表示种子生命力强,种子发芽出苗整齐一致。发芽能力的高低是种子播种质量好坏的重要指标。

(1) 实验室发芽法

种子发芽前准备好发芽床,即一套发芽皿和恒温箱,一般采用滤纸发芽床。准备好发芽床后,给发芽床加入适量清水,将选好的种子均匀地放于发芽床上,排列时粒与粒之间至少保持种子大小的距离,相互不能接触,以免霉病菌的传染,排好后在发芽皿上贴上标签,注明品种、样品编号、重复次数和发芽日期,最后放入恒温发芽箱内进行发芽。发芽时的温度为20 ℃~25 ℃。发芽期间每天检查温度和湿度3次(早、中、晚),注意千万不能使发芽床干涸,每天通风1~2 min。

种子开始发芽后,每日定时检查,记录发芽种子数,把已经发芽的种子取出。发芽标准力求达到一致,一般豆科植物要有正常、比本身长的幼根,且最少要有1个子叶与幼根连接,禾本科牧草种子发芽标准须达到幼根长于种子长度,幼芽长到种子长的一半,才能列为发芽种子,凡是幼芽或幼根残缺、畸形或腐烂的,幼根萎缩的均不算发芽。

(2)毛巾发芽法

这是一种无需设备的简易发芽方法,适用于豆科和禾本科大粒、中粒种子发芽。发芽时,先将一块毛巾用开水消毒,把供试种子均匀地排列在毛巾上面,每粒之间保持一定距离,毛巾两边要空出1寸左右,在毛巾一端放上一根筷子,卷成圆筒状(卷时不要太紧),卷好后两头用线或者橡皮筋扎住,放在温度适宜的地方发芽,每天给毛巾加温开水,保持湿润,到达规定的天数时,打开毛巾检查。

(3)发芽势、发芽率的计算

每种牧草及作物种子的发芽势、发芽率的计算天数不一,按饲草种子发芽试验技术规定的天数计算。大多数牧草发芽势规定为4 d,发芽率规定为7~10 d,一般取100粒种子测定其发芽势和发芽率。

$$S = \frac{C}{G} \times 100\%$$

式中:S——种子发芽势(%);

C——发芽初期发芽种子数(规定日期内);

G——供检种子数。

$$L = \frac{Z}{G} \times 100\%$$

式中:L——种子发芽率(%);

Z——发芽终期发芽种子数(规定日期内);

G——供检种子数。

发芽势、发芽率以4次重复的算术平均数表示。

(4)种子用价及实际播种量的计算

种子用价是指种子样品中真正有利用价值的种子数量占供检样品总量的百分率。

$$Y = \frac{W \times L}{100}$$

式中:Y——种子用价(%);

W——种子纯净度(%);

L——种子发芽率(%)。

种子用价可用来计算实际播种量。一般播种量是根据播种密度和种子千粒重来计算的,未考虑所用种子是否每粒都发芽,是否洁净,即未考虑种子的实际用价,而按假定种子用价为100%求得的。显然,种子用价不同,其实际播种量也应该不同,因此应根据所测种子用价来计算实际播种量。

(5)发芽试验

每人随机取样一种牧草的100粒种子,三个重复共300粒,培养皿内覆1~2层湿滤纸,将100粒种子均匀地摆放在滤纸上,然后将培养皿放进温度25 ℃的培养箱中,重复三次。保持滤纸湿润。每天观察一次种子发芽生根情况。

(6)发芽观测

按《牧草种子检验规程》中要求的种子发芽试验天数内测定根长和芽长。

4. 种子千粒重的测定

种子千粒重是指干种子的千粒重量,对于大粒的种子(如玉米、饲用蚕豆)也可用百粒重来表示(g)。种子千粒重是播种材料品质的一项重要指标。测定方法如下:

先将测过纯净度的种子充分混合,随意地连续取出2份试样,然后数种子,每份100粒。为了避免差错,5粒一堆,数满100粒并成一大堆,直到数够为止,最后称重,精确度为0.01 g,2份试样平均,或用数粒仪数种子。测得千粒重后,可将千粒重换算成每千克种子粒数。

四、注意事项

(1)取样时可根据实际情况有所变化。

(2)饲草的发芽率和发芽势还可以采用沙床、纸间、土壤床等方式测定。

(3)因检验方法不同,有时检验结果会出现一定误差,直接影响对种子品质作出正确评价,因此在选择检验方法时须严格遵照国家颁布的《牧草种子检验规程》。

五、思考题

(1)种子的净度与净种子有什么区别?

(2)种子发芽率和发芽势的测定时,其还有哪些因素会导致测定的结果不准确?

实验三十二　饲草种子生活力的快速测定

一、实验目的和意义

种子生活力是指种子发芽的潜在能力或种胚所具有的生命力,是种子质量的重要组成部分。许多牧草种子因存在着休眠,特别是刚收获的牧草种子,发芽率很低,但实际上种子具有生活力,因此全部有生活力的种子既包括能发芽的种子,也包括暂时休眠不能发芽而具有生命力的种子。正确评定牧草种子的生活力,是用发芽试验测定发芽率和发芽势,但该方法费时、繁琐,而采取快速又准确的方法,有利于收购和处理,以及休眠种子的检验,全面了解种子的质量问题。

二、仪器和试剂

1. 仪器和用具

培养皿、单面刀片或解剖刀片、解剖针、放大镜、滴瓶、滤纸、吸水纸等。

2. 试剂和材料

材料:豆科、禾本科牧草种子。

试剂:TTC溶液

通常配成1.0%和0.1%的溶液保存。配制1.0%时,可将1 g氯化三苯基四氮唑溶解于100 mL蒸馏水中,溶液pH值应调节到6~8之间。

三、实验方法和步骤

1. 原理

凡有生活力的种子胚部在呼吸作用过程中都有氧化还原反应,而无生活力的种胚则无此反应。当TTC溶液渗入种胚的活细胞内,并作为氢受体被脱氢辅酶(NADH或NADPH)还原时,可产生红色的三苯基甲(TTF),胚便染成红色。当种胚生活力下降时,呼吸作用明显减弱,脱氢酶的活性亦大大下降,胚的颜色变化不明显,故可由染色的程度推知种子的生活力强弱。

2. 操作步骤

(1)染色准备

先将种子放在潮湿的吸水纸上面或两层吸水纸间一昼夜,或将种子放在烧杯中用水浸2~6 h,保持温暖(30 ℃),使种子充分吸胀,然后将种子放在吸水纸上,用锋利的刀片纵向切开,使胚的主要结构露出,取种子的一半供测定用,或将颖果的中部靠近的上方切成2段,弃去种子的顶部再用切片的一角将种子带胚的一段移入四氮唑溶液。

(2)染色

种子可放在小的培养皿里染色,溶液以浸没种子为度,对未切开的种子,可用浓度为1.0%的溶液,而对切开的种子用浓度为0.1%~0.25%的溶液。染色时间与种子类型及温度等有关,染色一般是在室温中进行。染色时间的长短因样品处理方式、四氮唑溶液浓度和温度而异,在20 ℃~40 ℃,温度每增加5 ℃,染色时间则减半,通常染色温度为30 ℃~35 ℃。

(3)鉴定

当达到规定时间,倒去四氮唑溶液,用清水冲洗2~3次后即可观察鉴定。小粒种子在放大镜下观察。通常胚的全部或主要结构染成鲜红色的为有生活力的种子。凡胚的主要结构之一不染色,或染成斑点者为无生活力的种子。禾本科牧草种子的胚芽、胚根、盾片中央不染色,或盾片末端、胚根不染色斑点超过1/3的为无生活力的种子;豆科牧草种子胚根和叶子末端不染色的面积超过1/3,胚轴或接近胚芽部分的子叶不染色者为无生活力的种子。对带有稃壳的禾本科牧草种子及小粒豆科牧草种子,需用乳酸苯酚透明剂使稃壳、胚乳或种皮、子叶变为透明,以便观察种胚的染色情况,正确判断种子是否具有生命力。

四、注意事项

(1)四氮唑溶液不能直接暴露于光下,否则会导致其结果不准确。

(2)在鉴定时要考虑种子的全部组织,以判断其是否具有生活力。

(3)染色时间要尽量控制在一定范围内,染色时间过长或过短都会影响结果测定。

(4)不同种属的种子,其处理不同,应选择合适的处理方式检验其生活力(表4-3)。

五、思考题

(1)选取种子时,选取什么样的种子试验结果最准确?

(2)试验结果是否与实际情况存在较大差异,为什么?

表4-3 部分饲草种子四氮唑测定方法

种名	预湿(20 ℃)		染色前准备	染色(30 ℃)		鉴定准备	鉴定不染色最大面积	备注
	方式	最短时间(h)		浓度(%)	时间(h)			
冰草属	BP W	16 3	1.去颖,胚附近横切 2.纵切胚及3/4胚乳	1.0 1.0	18 2	1.观察胚外表面 2.观察切面	1/3胚根	
剪股颖属	BP W	16 2	胚附近穿刺	1.0	18	除去外稃露出胚	1/3胚根	
臂形草属	BP W	18 6	1.去颖,胚附近横切 2.纵切胚及3/4胚乳	1.0 1.0	18 18	1.观察胚外表面 2.观察切面	2/3胚根	
雀麦属	BP W	16 3	1.去颖,胚附近横切 2.纵切胚及3/4胚乳	1.0 1.0	18 2	1.观察胚外表面 2.观察切面	1/3胚根	
绒毛草属	BP B	16 3	1.去颖,胚附近横切 2.纵切胚及3/4胚乳	1.0 1.0	18 2	1.观察胚外表面 2.观察切面	1/3胚根	

续表

种名	预湿(20℃) 方式	预湿(20℃) 最短时间(h)	染色前准备	染色(30℃) 浓度(%)	染色(30℃) 时间(h)	鉴定准备	鉴定不染色最大面积	备注
百脉根属	W	18	保持种子完整	1.0	18	除去种皮露出胚	1/3胚根,1/3子叶末端,如在表面为1/2	如测定硬实种子的生活力,可将子叶末端种皮切开进行浸泡
早熟禾属	BPW	162	胚附近穿刺	1.0	18	除去外稃露出胚	1/3胚根	
燕麦草属	BPW	163	去颖,胚附近横切	1.0	18	观察胚外表面	1/3胚根	
鸭茅属	BPW	182	去颖,胚附近横切	1.0	18	观察胚外表面	1/3胚根	
羊茅属	BPW W	163	1.去颖,胚附近横切 2.纵切胚及3/4胚乳	1.0 1.0	18 2	1.观察胚外表面 2.观察切面	1/3胚根	
黑麦草属	BPW W	163	1.去颖,胚附近横切 2.纵切胚及3/4胚乳	1.0 1.0	18 2	1.观察胚外表面 2.观察切面	1/3胚根	
早熟禾属	BPW	162	胚附近穿刺	1.0	18	除去外稃露出胚	1/3胚根	
三叶草属	W	18	保持种子完整	1.0	18	除去种皮露出胚	1/3胚根,1/3子叶末端,如果在表面为1/2	若为硬实种子,可将子叶末端种皮切开进行浸泡(4h)
苜蓿属	W	18	保持种子完整	1.0	18	除去种皮露出胚	1/3胚根,1/3子叶末端,如果在表面为1/2	若为硬实种子,可将子叶末端种皮切开进行浸泡(4h)
草木樨属	W	18	保持种子完整	1.0	18	除去种皮露出胚	1/3胚根,1/3子叶末端,如果在表面为1/2	若为硬实种子,可将子叶末端种皮切开进行浸泡(4h)

(摘录自罗富成、毕玉芬、黄必至,2008)

参考文献:

[1] 傅家瑞编著. 种子生理[M]. 北京:科学出版社,1985

[2] 黄文惠. 主要牧草栽培及种子生产[M]. 成都:四川科学技术出版社,1986

[3] 国家质量技术监督局. 中华人民共和国国家标准:牧草种子检验规程[M]. 北京:中国标准出版社,2001

[4] 韩建国主编. 牧草种子学[M]. 北京:中国农业大学出版社,2000

[5] 曹致中主编. 牧草种子生产技术[M]. 北京:金盾出版社,2003

[6] 胡晋主编. 种子贮藏加工[M]. 北京:中国农业大学出版社,2001

[7] 宋松泉等编著. 种子生物学[M]. 北京:科学出版社,2008

[8] 罗富成,毕玉芬,黄必志主编. 草业科学实践教学指导书[M]. 昆明:云南科技出版社,2008

[9] 任继周. 草业科学研究方法[M]. 北京:中国农业出版社,1998

[10] 李聪,王赟文编著. 牧草良种繁育与种子生产技术[M]. 北京:化学工业出版社,2008

[11] 农业行业标准出版中心. 最新中国农业行业标准[M]. 北京:中国农业出版社,2011

第五部分 饲草栽培

实验三十三 田间试验设计

一、实验目的和意义

通过教学使学生掌握田间试验设计中常用的随机区组设计和拉丁方设计的方法,掌握试验地面积的计算方法。

二、材料和用具

三角板、铅笔、白纸等。

三、实验方法与步骤

1. 原理

(1)随机区组设计

随机区组试验设计是把试验各处理随机排列在一个区组中,区组内条件基本上是一致的,区组间可以有适当的差异。随机区组试验由于引进了局部控制原理,可以从试验的误差方差中分解出区组变异的方差(即由试验地土壤肥力、试材、操作管理等方面的非处理效应所造成的变异量),从而减少试验误差,提高F检验和多重比较的灵敏度和精确度,其缺点是排列、观察及试验结果的分析都比较复杂。随机区组试验也分为单因素和复因素两类。本实验只介绍单因素和二因素随机区组试验的方差分析方法。

(2)拉丁方设计

拉丁方设计是从横行和直列两个方向进行双重局部控制,使得横行和直列两向皆成单位组,是比随机单位组设计多一个单位组的设计。在拉丁方设计中,每一行或每一列都成为一个完全单位组,而每一处理于每一行或每一列都只出现一次,也就是说,在拉丁方设计中,试验处理数=横行单位组数=直列单位组数=试验处理的重复数。在对拉丁方设计试验结果进行统计分析时,由于能将横行、直列二个单位组间的变异从试验误差中分离出来,因而拉丁方设计的试验误差比随机单位组设计小,试验精确性比随机单位组设计高。但它也存在着明显的缺点。第一,因为重复数必须和处理数相等,所以不适合处理数目过多的试验。这种设计缺乏伸缩性,适应范围小,适宜的处理数目一般为5~8个。第二,拉丁方设计的形状常采用正方形,小区间斑块状肥力差异可能有所增加。第三,试验地选择时缺乏灵活性。

2. 方法步骤

(1) 随机区组设计

随机区组设计是根据"局部控制"和"随机排列"原理进行的,将试验地按其程度(以肥力为例)等性质不同划分为等于重复次数的区组,使区组内环境差异最小而区组间环境允许存在差异,每个区组即为一次完整的重复,区组内各处理都独立地随机排列,这是随机排列设计中最常用、最基本的设计。

区组内各试验处理的排列可采用抽签法或随机数字法,如采用随机数字法,可按照如下步骤进行:

①当处理数为一位数时,这里以8个处理为例,首先要将处理分别给予1、2、3、4、5、6、7、8的代号,然后从随机数字表任意指定一页中的一行,去掉0和9及重复数字后,即可得8个处理的排列次序。如查表得到的数字次序为0056729559、3083877836、8444307650、7563722330、1922462930,则去掉0和9以及重复数字而得到56723841,即8个处理在区组内的排列。完成一个区组的排列后,再从表中查另一行随机数字按上述方法排列第二区组、第三区组……直至完成所有区组的排列。

②当处理数多于9个为两位数时,同样可查随机数字表。从随机数字表任意指定一页中的一行,去掉00和小于100且大于处理数与其最大整数倍相乘所得的数字及重复数字后,将剩余的两位数分别除以处理数,所得的各余数即为各处理在此区组内的排列。然后按同样方法完成其他区组内的处理排列。例如有14个处理,由于14乘以7得数为98,故100以内14的最大整数倍为7,其与处理数的乘积得数为98,所以,除了00和重复数字外,还要除掉99。如随机选定第2页第34行,每次读两位,得73,72,53,77,40,17,74,56,30,68,95,80,95,75,41,33,29,37,76,91,55,27,17,04,89,在这些随机数字中,除了将99、00和重复数字除去外,其余凡大于14的数均被14除后得余数,将余数记录所得的随机排列为14个处理在区组内的排列,值得注意的是在14个数字中最后一个,是随机查出13个数字后自动决定的。

随机区组在田间布置时,考虑到试验精确度与工作便利等方面的因素,通常采用方形区组和长形小区以提高试验精确度。此外,还必须注意使区组划分要与肥力梯度垂直,而区组内小区的长边与梯度平行(表5-1)。这样既能提高试验精确度,同时亦能满足工作便利的要求。如处理数较多,为避免第一小区与最末小区距离过远,可将小区布置成两排(表5-2)。

随机区组设计具有以下优点:1)设计简单,容易掌握;2)富于伸缩性,单因素、复因素以及综合试验等都可应用;3)能提供无偏的误差估计,在大区域试验中能有效地降低非处理因素等试验条件的单向差异,降低误差;4)对试验地的地形要求不严,只对每个区组内的非处理因素等试验条件要求尽量一致。因此,不同区组可分散设置在不同地段上。缺点是:这种设计方法不允许处理数太多。因为处理多,区组必然增大,局部控制的效率降低,所以,处理数一般不要超过20个,最好在10个左右。

表5-1   8个品种4次重复的随机区组排列

I	II	III	IV
7	4	2	1
6	3	1	7
3	6	8	5
4	8	7	3
2	1	6	4
5	2	4	8
8	7	5	6
1	5	3	2

肥力梯度 →

表5-2   16个品种3次重复的随机区组设计,小区布置成两排

3	8	1	10	7	15	14	9	7	2	11	14	3	8	16	10	12	3	8	2	7	14	4	11
6	13	4	16	11	2	12	5	4	9	5	1	12	15	13	6	9	5	15	6	16	1	10	13

(2)拉丁方设计

①拉丁方:以 n 个拉丁字母 A,B,C……为元素,作一个 n 阶方阵,若这 n 个拉丁方字母在这 n 阶方阵的每一行、每一列都出现,且只出现一次,则称该 n 阶方阵为 $n×n$ 阶拉丁方。

例如: A B   B A
         B A   A B

为2×2阶拉丁方,2×2阶拉丁方只有这两个。

         A B C
         B C A
         C A B

为3×3阶拉丁方。

第一行与第一列的拉丁字母按自然顺序排列的拉丁方,叫标准型拉丁方。3×3阶标准型拉丁方只有上面介绍的1种,4×4阶标准型拉丁方有4种,5×5阶标准型拉丁方有56种。若变换标准型的行或列,可得到更多种的拉丁方。在进行拉丁方设计时,可从上述多种拉丁方中随机选择一种;或选择一种标准型,随机改变其行列顺序后再使用。

②常用拉丁方:在植物试验中,最常用的有3×3,4×4,5×5,6×6阶拉丁方。下面列出部分标准型拉丁方,供进行拉丁方设计时选用。其余拉丁方可查阅数理统计表及有关参考书。

3×3   4×4
                1)   2)   3)   4)
A B C   A B C D   A B C D   A B C D   A B C D
B C A   B A D C   B C D A   B A D C   B D A C
C A B   C D B A   C D A B   C D B A   C A D B
           D C A B   D A B C   D C A B   D C B A

5×5

1)
A B C D E
B A E C D
C D A E B
D E B A C
E C D B A

2)
A B C D E
B A D E C
C E B A D
D C E B A
E D A C B

3)
A B C D E
B A E C D
C E D A B
D C B E A
E D A B C

4)
A B C D E
B A D E C
C D E A B
D E B C A
E C A B D

6×6
A B C D E F
B F D C A E
C D E F B A
D A F E C B
E C A B F D
F E B A D C

根据实验目的制订田间试验方案，设计田间试验小区的面积、排列方法等。

四、注意事项

除上述两种试验设计方案以外，根据不同的试验要求，可设计其他不同的试验方案。

五、思考题

(1)两种试验方案各有何优缺点？

(2)在确定试验设计方案的同时，还需注意哪些实际应用过程中的问题？

实验三十四 混播饲草的配合设计与人工草地的建立

一、实验目的和意义

在建立人工草地时,往往采用2种以上牧草混播,这是因为与单播相比,混播牧草不仅产量高而稳定、适口性好,而且营养价值完全,易于收获调制,可提高土壤肥力,提高后作的产量品质。本实验的目的在于掌握混播牧草的配合方法,正确建立人工草地。

二、材料和用具

(1)仪器和用具:计算器、常用农具、肥料、皮尺。
(2)材料:禾本科和豆科牧草种子各2~3种。

三、实验方法与步骤

1. 根据当地的具体条件和自然状况确定混播牧草的草种

首先,考虑计划任务和收获的指标;其次,从牧草的生物学特性和生态学特性,选择适应当地、生长发育正常、产量高、品质好、抗病虫害的牧草种或品种。

2. 根据各种牧草的寿命长短和草地利用年限确定混播组合

混播草地按生长年限可分为3种类型:短期的,利用2~3年;中期的,利用4~6年;长期的,利用7~8年以上。短期混播的草地,成分应比较简单,一般由2~3个牧草种组成,包括1~2个生物学类群,如豆科与禾本科,在禾本科中还要考虑分蘖类型的搭配。中期的混播牧草地应包括3~4个牧草种,2~3个生物学类群。长期混播的草地,牧草种类和生物学类群适当增加,一般应有豆科和禾本科两类牧草参加,当豆科草种缺乏或某些高寒地区无适宜豆科牧草参加混播时,几种禾草也可以组成混播组合(见表5-3)。

表5-3 根据草地利用年限确定草种配合比例(%)

利用年限	豆科草种	禾本科草种	在禾本科牧草中	
			根茎和根茎疏丛型	疏丛型
短期草地	65~75	25~35	0	100
中期草地	20~50	50~75	10~25	90~75
长期草地	20~40	60~80	50~75	50~25

3. 根据草地的利用方式确定混播组合

混播草地因利用的方式不同,在组成上也应有所差异。如禾本科牧草依其枝条的形状和株丛的高低,可分为上繁草和下繁草,利用方式不同的草地,其上繁草和下繁草的比例是不一样的(见表5-4)。

表5-4 不同利用方式的混播牧草地其上繁草和下繁草的比例(%)

利用方式	上繁草种子	下繁草种子
刈草用	90~100	10~0
刈牧兼用	50~70	50~30
放牧用	20~30	75~70

4. 根据百分比，计算混播牧草中各个草种的播种量

一般按种子用价计算混播牧草的播种量。方法是用单播时牧草能正常生长发育的播种量，乘以此种牧草在混播中所占的百分数，得出播种量。各个草种的播种量相加，就为混播的播种总量。

其计算公式如下：

$$K = N \times \frac{H}{X}$$

式中：K——混播中某一草种的播种量；

N——这种草在混播中应占的百分数；

H——该牧草种子用价为100%时的播种量（见表5-5）；

X——种子用价。

多种牧草所组成的混播草地，要认识种间竞争的相生相克关系，以保持各类草在混播草群中的应有比例。在进行混播时通常用适当增大某种牧草的单播量的方法加以纠正，对竞争力弱的种类，短期的混播草地应增加单播量的25%，中期为30%，长期为100%。

表5-5　牧草种子用价为100%的播种量（kg·hm^{-2}）

牧草名称	播种量	牧草名称	播种量
多年生黑麦草	18	紫花苜蓿	15
一年生黑麦草	15	红三叶	15
猫尾草	15	杂三叶	21
鸡脚草	18	白三叶	8
无芒雀麦	18	草木樨	15
红豆草	75	毛苕子	60
春箭舌豌豆	75	百脉根	15
黄花苜蓿	15	绛三叶	21

四、注意事项

建立混播草地的同时，应充分考虑各种环境条件和草品种之间的相互关系。

实验三十五 豆科牧草根瘤菌的接种

一、实验目的和意义

大多数豆科牧草与根瘤菌有一种互利共生关系,通过根瘤菌接种提高豆科牧草产量、质量。当牧草接种根瘤菌后,根瘤菌在豆科牧草根部形成根瘤后,可把空气中的氮气转化为植物能吸收的含氮化合物,满足植物对氮素的需求,大大地提高牧草产量、品质,同时还能增加土壤中的有机质的含量,改善土壤结构,提高土壤肥力。对生产者而言,可减少肥料投入,增加经济效益。本实验能加深对豆科牧草种子根瘤菌接种意义的理解;熟悉豆科牧草根瘤菌的互接种族;识别和观测主要豆科牧草的根瘤,掌握有效根瘤和无效根瘤的区别;了解和掌握豆科牧草种子根瘤菌接种技术。

二、材料和用具

(1)仪器和用具:磁盘、剪刀、镊子、放大镜、玻璃棒、口缸、研钵、烧杯、土壤刀、硬纸板、水桶、铁锹、塑料袋、标签纸等。

(2)材料:各种豆科牧草地块及植株,如三叶草、苜蓿、百脉根人工草地,带根瘤菌的豆科牧草根系液浸标本,主要豆科牧草的商品根瘤剂,主要豆科牧草种子若干。

三、实验方法与步骤

1. 原理

(1)根瘤形成与固氮原理

①根瘤形成

根瘤菌侵入根毛,根毛细胞壁反转生长形成纤维素内生管,根瘤菌通过内生管进入根中繁殖,并刺激根的上皮细胞分裂,逐渐突起膨大形成根瘤。

②固氮原理

根瘤为根瘤菌提供了适宜的生活环境,根瘤菌在依赖植物根系提供除氮以外的各种营养进行繁殖生长的同时,固定空气中的游离氮素,除自给外,也为植物提供了氮素营养,根瘤菌与植物两者之间在生活上建立起了互利共生的关系,为土壤提供了丰富的氮源。

(2)接种原则

①正确选择根瘤菌的互接种族

根瘤菌与豆科植物间的共生关系是非常专一的,即一定的根瘤菌种只能接种一定的豆科植物,这种对应的共生关系称为互接种族。接种时一定要注意选择同一种族的根瘤菌进行接种。互接种族是指同一种族内的豆科植物可以相互利用其根瘤菌侵染对方形成根瘤,而不同种族的豆科植物间则相互接种无效。

根瘤菌对共生的一种或几种豆科牧草具有亲密的关系,若二者不相配,那么接种就根本不产生固氮作用。现将能互相接种的豆科牧草列举如下:

紫花苜蓿组:紫花苜蓿、天蓝苜蓿、南苜蓿、白花草木樨、黄花草木樨。

三叶草组:杂三叶、红三叶、白三叶、绛三叶。

豌豆组:豌豆、野豌豆、蚕豆、扁豆等。

豇豆组:豇豆、葛、胡枝子、花生、大翼豆、柱花等。

②正确选择有效根瘤

豆科牧草接种根瘤菌在牧草盛花期利用主根上的有效根瘤进行接种。此时根瘤膨大,根瘤菌活力最强。通常能固氮的有效根瘤形成于主根或第一侧根上,个体大而长,表面光滑,或有皱纹,明显地含有膨大的菌体,剥开后就能见到中心是红色或粉红色;无效根瘤常散生于第二侧根上,个体较小,数量较多,表面光滑,中心白色带绿,固氮能力很低或无固氮能力。

2.方法步骤

(1)商用菌接种

商用菌剂1895年问世,由专门的研究人员针对某种牧草或品种选育出来的高效优良品种,再经过生产厂家繁殖并用泥炭、蛭石作载体制成可保存一定时间的菌剂并进行出售的商品。

根瘤菌剂拌种:此法经济,使用简便,播种前按说明书规定用量制成菌液洒到种子上,并充分混拌,使每粒种子都能均匀地沾到菌液,种子拌好后应立即播种。用根瘤菌剂接种的标准比例是每千克种子拌50 g菌剂,增加接种剂量可以提高结瘤率。

(2)自制菌种接种

①鲜瘤法:用0.5 kg晒干的菜园土或河塘泥,加一小杯草木灰,拌匀后盛入大碗中,盖好后蒸0.5~1 h,待其冷却后,将选好的根瘤30个或干根5~10株磨碎,用少量冷开水或米汤拌成菌液,与蒸过的土壤拌匀,如果土壤太黏重,可加适量细砂,以调节其松散度。然后置于20 ℃~25 ℃的温箱中培养3~5 d,每日略加冷水翻拌,即可制成菌剂。拌种时,剂量按0.75 kg·hm^{-2}左右即可。

②干瘤法:就是在盛花期,选择健壮的植株,将根轻轻挖起,切去茎叶,洗净,剪去第二侧根和第一侧根的一部分,挂放在避风、凉爽、阴暗、干燥的地方,慢慢地荫干。到播种时,以干草根根瘤45~75株/hm^{2}的用量,将干草根碾碎成细粉与种子拌和,就可播种。或是加入干根瘤粉细粉重量1.5~3倍的清水,在20 ℃~30 ℃的条件下不断地搅拌,促使繁殖,经10~15 d后,即可与种子拌和播种。

③利用种子丸衣化接种:首先称量牧草种子,然后按比例称量根菌菌剂(用量可见产品说明书)。再按大粒种子40 mL·kg^{-1},小粒种子50 mL·kg^{-1}的用量配置胶液(常用胶液有阿拉伯胶、甲基纤维素)。同时称好丸衣粉剂(常用轻质碳酸钙、黏土),种子与丸衣粉剂的比例为1:0.2~0.6。将种子倒入胶液内充分混合后,放入根瘤菌剂,搅拌2~3 min(要求黏着剂和菌剂均匀地附着在种子表面)。加入钼酸铵(用量常为每公斤种子15~20 g)搅匀,再加入丸衣粉剂,搅拌使种子表面均匀地包裹一层丸衣粉剂,即得丸衣化种子,将制好的丸衣种子放于室内晾干。丸衣化种子最好及时覆土,否则24 h后,有效根瘤菌数将显著下降。

④土壤接种法:在种过某种豆科牧草或饲草的土地上,取湿润的土壤均匀地撒在将要播种该豆科牧草的土地上,翻耕、耙松、播种,亦可用所取湿润土与种子拌种,用湿土400~700 kg·hm^{-2}即可。

四、注意事项

(1)根瘤菌怕光,惧高温。在保存、运输、搬运、拌种和播种后(如拌种时要在阴暗地方,搬去田间时,用黑布覆盖,播种后立即盖土等),都要尽量避开阳光直射。

(2)根瘤菌剂的有效期是半年,存放时间较长的,要加大用量,最可靠方法是镜检活菌数而计算用量。

(3)由于农药30~40 min就可杀死根瘤菌。所以要根瘤菌接种的,不用农药处理种子,一定要用时,应在根瘤菌接种之前的3~7 d进行药剂处理,并在根瘤菌接种后立即播种。并且已接种的种子,也不能与生石灰或浓厚肥料接触(只要肥料的数量及浓度不致损害种子的萌芽,也不会伤害根瘤菌)。

(4)部分消毒剂对根瘤菌有毒害作用,为了防止某些病虫害,种子消毒需要与菌剂同时拌种时,要快拌快播,不要超过30~40 min,最好将根瘤剂用锯末等混合先播,然后播种有农药的种子。

(5)接种后48 h内播入土壤中。

五、思考题

(1)根瘤菌在什么样的土壤条件下有利于生长发育?

(2)不同豆科牧草不同生育时期结瘤情况有何不同?

实验三十六　常见豆科牧草植物学特征观测

一、实验目的和意义

　　豆科牧草是世界各国草地农业生产的重要组成部分,作为蛋白质饲料来源、生物固氮资源、生态保育的重要组分,在畜牧业发展、草田轮作、环境保护和建设方面发挥着极其重要的作用。通过观测常见豆科牧草的植物学特征,比较不同牧草的根、茎、叶、花、果实、种子以及特化组织的特征,掌握常见豆科牧草的植物学特征,能区分常见豆科牧草的外貌特征,熟悉其不同生长发育阶段的不同株丛形态、生境特点等。

二、材料和用具

　　(1)用具:放大镜、载玻片、盖玻片、铅笔、白纸等。

　　(2)材料:常见豆科牧草(红三叶、白三叶、紫花苜蓿、箭舌豌豆、野豌豆、黄花羽扇豆、白花草木樨、黄花草木樨、红豆草、地三叶、百脉根、沙打旺、紫云英、柱花草及蝴蝶豆等)的盒装蜡叶标本和新鲜标本。

三、实验方法与步骤

　　(1)准备材料:准备若干常见豆科牧草实物,如由于季节限制则准备蜡叶标本;

　　(2)观测:分组观测不同材料的共同点和不同点,掌握区分不同物种的重要特征;

　　(3)绘图:对观测材料绘图并说明其主要特征。

四、注意事项

　　观测过程中,注意观测其与其他牧草的不同之处。

五、思考题

　　认真比较同种属的豆科牧草,其植物学特征有何差异?

实验三十七　常见禾本科牧草植物学特征观测

一、实验目的和意义

禾本科是牧草的重要组成部分，在栽培的牧草和作物中，占绝大多数，它既是人类粮食主要来源，也是各种家畜主要牧草及饲料。主要种植的禾本科牧草有多年生黑麦草、多花黑麦草、高羊茅、狗牙根、羊草、披碱草、蒙古冰草、老芒麦、无芒雀麦等。通过观测常见禾本科牧草的植物学特征，比较不同牧草的根、茎、叶、花、果实、种子以及特化组织的特征，掌握常见禾本科牧草的植物学特征，能区分常见禾本科牧草的外貌特征，熟悉其不同生长发育阶段的不同株丛形态、生境特点等。

二、材料和用具

（1）用具：放大镜、载玻片、盖玻片、铅笔、白纸等。

（2）材料：常见禾本科牧草（多年生黑麦草、多花黑麦草、高羊茅、狗牙根、羊草、披碱草、蒙古冰草、老芒麦、无芒雀麦等）的盒装蜡叶标本和新鲜标本。

三、实验方法与步骤

（1）准备材料：准备若干常见禾本科牧草实物，如由于季节限制则准备蜡叶标本；

（2）观测：分组观测不同材料的共同点和不同点，掌握区分不同物种的重要特征；

（3）绘图：对观测材料绘图说明其主要特征。

四、注意事项

观测过程中，注意观测其与其他牧草的不同之处。

五、思考题

（1）认真比较同种属的禾本科牧草，其植物学特征有何差异？

（2）通过对禾本科、豆科牧草植物学特征的观测，其最大的差异是什么？

实验三十八　常见其他牧草植物学特征观测

一、实验目的和意义

通过观测常见其他牧草的植物学特征,比较不同牧草的根、茎、叶、花、果实、种子以及特化组织的特征,使学生掌握常见其他牧草的植物学特征,能区分常见其他牧草的外貌特征,熟悉其不同生长发育阶段的不同株丛形态、生境特点等。

二、材料和用具

(1)用具:放大镜、载玻片、盖玻片、铅笔、白纸等。

(2)材料:常见其他牧草的盒装蜡叶标本和新鲜标本。

三、实验方法与步骤

(1)准备材料:准备若干常见其他牧草实物,如由于季节限制则准备蜡叶标本;

(2)观测:分组观测不同材料的共同点和不同点,掌握区分不同物种的重要特征;

(3)绘图:对观测材料绘图说明其主要特征。

四、注意事项

观测过程中,注意观测其与禾本科、豆科牧草相同器官的不同之处。

实验三十九　饲草物候期观测

一、实验目的和意义

饲草物候期是指饲草在生长发育过程中,在形态上发生显著变化的各个时期。饲草在不同的发育时期,不仅形态上有显著变化,而且在对外界环境条件的要求方面也发生了改变。进行生育期观测的目的,是为了了解各种(品种)牧草在一定地区内生长发育各时期的进程及其与环境条件的关系,以便及时采用相应的措施而获得丰产,同时也便于进一步掌握牧草的特征特性,为选育和引进优良品种以及制订正确的农业技术措施等提供必要的依据。因此,观测饲草物候期在农业生产和科学研究中具有重要意义。

二、材料和用具

(1)用具:生育期记载表、铅笔、钢卷尺、小铁铲、计算器等。

(2)材料:不同生育阶段的各种牧草。

三、实验方法与步骤

1. 生育期观察的时间

生育期观察的时间以不漏测任何一个生育期为原则。一般每2 d观察1次,在双日进行。如果牧草的某些生育期生长很慢,或2个生育期相隔很长,每隔4~5 d观察1次。观察生育期的时间和顺序要固定,一般在下午进行。

2. 生育期观察的方法

(1)目测法:在牧草田内选择代表性的1 m²植株,定点目测估计。

(2)定株法:在牧草田选择有代表性的4个小区,小区长1 m,宽2~3行。在每小区选出25株植株,4个小区共100株。作标记观察有多少株进入某一生育期的植株数,然后计算其百分率。

3. 各生育期的含义及记载标准

(1)禾本科牧草及饲草(见表5-6)

①播种期:实际播种日期,以日/月表示。

②出苗期及返青期:种子萌发后,幼苗露出地面称为出苗,有50%的幼苗露出地面时称为出苗期,有50%的植株返青时称为返青期。

③分蘖期:幼苗在茎的基部茎节上生长侧芽并形成新枝为分蘖,有50%的幼苗在幼苗基部茎节上生长侧芽并形成新枝时为分蘖期。

④拔节期:植株的第一个节露出地面1~2 cm时为拔节期。

⑤孕穗期:植株出现剑叶为孕穗,50%植株出现剑叶为孕穗期。

⑥抽穗期:幼穗从顶部叶鞘中伸出叫抽穗,当有50%的植株幼穗从顶部叶鞘中伸出而显露于叶外时为抽穗期。

⑦开花期:花颖张开,花丝伸出颖外,花药成熟,具有授粉能力叫开花,当有50%的植株

花颖张开,花丝伸出颖外时为开花期。

⑧成熟期:禾草授粉后,胚和胚乳开始发育,进行营养物质转化、积累,该过程叫成熟。禾草种子成熟分以下3个时期:

乳熟期:籽粒充满乳白色液体,含水量在50%左右叫乳熟,当有50%植株的籽粒内充满乳汁,并接近正常大小为乳熟期。

蜡熟期:籽粒由绿变黄,水分减少到25%~30%,内含物呈蜡状称蜡熟,当有50%植株籽粒颜色接近正常,内具蜡状物时记载为蜡熟期。

完熟期:茎秆变黄,籽粒变硬叫完熟,当80%以上的籽粒变黄、坚硬时记载为完熟期。

⑨枯黄期:植株叶片由绿变黄变枯,叫枯萎,当植株的叶片2/3达到枯黄时为枯黄期。

⑩生育天数:由出苗至种子成熟的天数记载为生育天数。

⑪生长天数:由出苗或返青期至枯黄的天数记载为生长天数。

⑫株高:每小区选择10株,测量其从地面到植株最高部位(芒除外)的绝对高度。只于孕穗期和完熟期测定。

(2)豆科牧草及饲草(见表5-7)

①出苗期:幼苗从地面出现叫出苗,有50%的幼苗出土后为出苗期。

②分枝期:从主茎长出侧枝叫分枝,当有50%的植株主茎长出侧枝时记载为分枝期。

③现蕾:植株叶腋出现第1批花蕾为现蕾,有50%花蕾出现时为现蕾期。

④开花期:在花序上出现有花的旗瓣张开叫开花,有20%植株开花叫做开花期,有80%的植株开花为开花盛期。

⑤结荚期:在花序上形成第1批绿色豆荚叫结荚,有20%植株出现绿色荚果时叫结荚期,有80%的植株出现绿色荚果时,叫结荚盛期。

⑥成熟期:荚果脱绿变色,变成原品种固有色泽和大小、种子成熟坚硬,叫成熟,有80%的种子成熟叫成熟期。

⑦株高:与禾本科牧草相同,只于现蕾期、开花期、成熟期进行测定。

⑧根茎入土深度和直径:入冬前,在每个小区选择有代表性的植株10株测定。

表5-6 禾本科饲草及饲草田间观察记载登记表

小区号	草种名称	播种期	出苗期(返青期)	分蘖期	拔节期	孕穗期	孕穗期株高(cm)	抽穗期	开花期	成熟期			完熟期株高(cm)	生育天数(d)	枯黄期	生长天数(d)	越冬(夏)率(%)	抗逆性
										乳熟	蜡熟	完熟						

表5-7 豆科牧草及饲草田间观察项目记载登记表

小区号	草种名称	播种期	出苗期	分枝期	现蕾期	现蕾期株高(cm)	开花期初期	开花期盛期	开花期株高(cm)	结荚期初期	结荚期盛期	成熟期	成熟期株高(cm)	生育天数(d)	枯黄期	生长天数(d)	越冬(夏)率(%)	根茎入土深度	根茎直径	抗逆性

实验四十　饲草生产性能测定

一、实验目的和意义

当从外地引种优良牧草或推行某一项新的农业技术措施时,由于生境条件的改变,牧草的生长发育状况也可能随之发生变化,要对此所引起的变化(如株高、分蘖数目、产草量等)进行调查和测定,鉴定其优势,明确其经济价值和推广价值,以避免给生产造成损失,同时通过对牧草的生产性能的测定,对于建立、合理利用人工草地,评定草地载畜量以及草地类型的划分和分级将提供必备的基础数据。

二、材料和用具

1. 用具:电子天平、杆秤、镰刀、菜刀、线绳、塑料袋、剪刀、钢卷尺等。
2. 材料:不同属种、不同生活年限的豆科、禾本科或其他科人工草地、饲草地。

三、实验方法与步骤

1. 产量的测定

(1)产草量的种类

①生物学产量是牧草生长期间生产和积累的有机物质的总量,即整个植株(不包括根系)总干物质的收获量。在组成牧草株体的全部干物质中,有机物质占90%~95%,矿物质占5%~10%,可见有机物质的生产和积累是形成产量的主要物质基础。

②经济产量是生物学产量的一部分。它是指种植目的所需要的产品的收获量。经济产量的形成是以生物学产量即有机质总量为物质基础,没有高的生物学产量,也就不可能有高的经济产量。但是有了高的生物学产量,究竟能获得多少经济产量,还需要看生物产量转化为经济产量的效率,即经济系数=经济产量/生物产量。经济系数越高,说明有机质的利用越经济。

由于牧草种类和栽培目的不同,它们被利用作为产品的部分也不同,如牧草种子田的产品是籽实,生产田的产品为饲草等。

(2)样地的大小

①取样测产:当实验地面积较大,全部测产人力、物力、财力、时间不允许时,采用取样测产。取样面积为 $1/4\ m^2$,$1/2\ m^2$,$1\ m^2$,$2\ m^2$,或者是1亩的1/25,1/50……样方形状最好是正方形或长方形。取样时应注意代表性,严禁在边行及密度不正常的地段取样。取样方法通常采用随机取样、顺序取样和对角线取样。测产不少于4次重复。

②小区测产:即在试验小区内全部刈割称重(除去保护行)。小区测产的条件是小区面积小,重复不多,人力充足和在1 d内能测完全部小区。这种方法准确,但花费人力、时间较多,大面积试验不宜采用。一般测定的时间,豆科牧草为现蕾至初花期,禾本科牧草在孕穗期至抽穗期,这样既有较高的产量,同时营养也较丰富。测产结果均需换算成公顷产量 $kg \cdot hm^{-2}$(见表5-8)。

(3)测定方法(刈割法)

在牧草地取样4处,每处0.25~1 m²,用镰刀或剪刀齐地面(生物原产量)或距地面3~4 cm(经济产量)割下或剪下牧草并立即称重得鲜草产量,从鲜草中称取1000 g装入布袋阴干,至重量不变时称重即为风干重。再从风干草或鲜草中称取500 g,放入105 ℃烘箱内经10 min后降温到65 ℃,经过24 h,烘至恒重,即为干物质重。因为测定的目的不同,时间规定不同,按时间特征来归纳,可以有下列3种产量的测定。

①平均产量是在人工草地利用的成熟期测定1次产量,当牧草生长到可以再次利用的高度时,再测定其再生草产量。再生草可以测定多次。各次测定的产量相加,就是全年的产量,再除以次数,即为平均产量。

②实际产量也叫利用前产量,即比测定平均产量早一些或晚一些测定的产量叫实际产量。第一次测定后每次刈割或放牧时重复测定产量,各次测定的产量之和,就是全年实际产量。

③动态产量是在不同时期测定的一组产量。在进行这项工作时,要在一定地段,设立有围栏保护的定位样地,在样地上根据设计并预先布置样方,进行定期的产量测定。动态产量的测定可按放牧的生育期,也可按一定时间间隔,如10 d、15 d、1个月或一季度测定一次。

2. 种子产量测定

(1)选定样方6~10个总面积6~10 m²。

(2)调查每样点有效株数,取平均数,再求每亩株数。

公式为:每亩株数=取样点平均株数(株/m²)/667.7 m²。

(3)调查每株平均粒数(代表性植株20株,取算术平均数)。

①通过千粒重的测定,求出每千克粒数。

公式为:每千克粒数=1000(g)/千粒重(g)×1000。

②根据下列公式求出每公顷草地种子产量:

种子产量(kg·hm⁻²)=(每公顷株数×每株平均粒数)/每千克粒数

或者将样方内植株全部刈割后脱粒、称重再折算成公顷产量(见表5-9)。

表5-8 产草量测定登记表(单位:kg·hm⁻²)

小区号	牧草名称	牧草产量												总产	
		第一次刈割				第二次刈割				第三次刈割				产量	
		测产日期	生育期	高度(cm)	产量		测产日期	生育期	高度(cm)	产量		测产日期	生育期	高度(cm)	产量	
					鲜	干				鲜	干				鲜	干	鲜	干

表5-9 种子产量登记表

牧草名称	重复	每平方米穗数	每公顷穗数	每穗粒数	千粒重(g)	每千克粒数	每公顷产量(kg)

3. 茎叶比例的测定

叶片中牧草营养物质的含量高于茎秆,因此牧草的叶量在很大程度上影响了饲草中的营养物质含量。同时,叶量大者适口性较好,消化率也高。

测定方法是在测定草产量的同时取代表性草样200~500 g,将茎、叶、花序分开,待风干后称重,计算各自占总重量的百分比(表5-10)。花序可算为茎的部分,禾本科牧草包括茎和叶鞘,豆科牧草的叶包括小叶、小叶柄和托叶三部分。

表5-10 茎叶比测定登记表(单位:g)

小区号	牧草名称	总重	茎		叶	
			重量	%	重量	%

4. 植株高度和生长速度的测定

(1)植株高度

牧草的株高与产量成正比。牧草的株高与牧草的利用方式(刈割、放牧或兼用)、草层高度与各草种在混播草地中的比例有密切关系。植株高度分为:

①草层高度:大部分植株所在的高度。

②真正高度(茎长):植株和地面垂直时的高度。即把植株拉直后茎的长度。

③自然高度:即牧草在自然生长状态下的高度,测定时从植株生长的最高部位到垂直地面的高度。

植株高度从地面量至叶尖或花序顶部,禾本科牧草的芒和豆科牧草的卷须不算在内。株高的测定采用定株或随机取样法,取代表性植株40株,求平均值。测定时间可根据不同的测定目的在各物候期进行或每10 d测定1次。

(2)牧草生长速度

指单位时间内牧草增长的高度。其测定多结合株高测定进行,采用定株法,每10 d测定1次,然后计算出每天增长的高度。随机取样时如2次测定间隔时间过短,也可能出现负增长。

5. 分蘖(分枝)数的测定

牧草从分蘖节或根颈上长出侧枝的现象称为分蘖(分枝)。分蘖(分枝)数的多少不仅与播种密度、混播比例有关,且直接关系到产量的高低。分蘖(分枝)数的测定,根据不同目的可在不同物候期进行,一种方法是在测定过产草量的样方内取代表性植株10株,连根拔出

(拔5~10 cm深即可),数每株分蘖(分枝)数,计算平均数;二是取代表性样段3行,每行内定长50~100 cm,然后数每行样段内每一单株的分蘖(分枝)数,计算平均数。

四、注意事项

(1)刈割法测定产量时应注意不同牧草留茬高度略有不同。

(2)测定其他生产性能项目时,应注意选取具有代表性的样点进行数据采集。

实验四十一　饲草轮供计划的制订

一、实验目的和意义

检验学生对牧草栽培知识的综合运用能力,通过教学使学生加深对主要栽培牧草习性和栽培技术的认识,掌握牧草轮供计划的制订原则和方法,能因地制宜地制定牧草轮供计划。

二、用具

用具:计算器、白纸、三角板等。

三、实验方法与步骤

1. 编制畜群周转计划

根据牧场的畜群情况制定周转计划(表5-11)。

表5-11　编制畜群周转计划

家畜	年末	数量											
		1	2	3	4	5	6	7	8	9	10	11	12
合计													

2. 计算牧草需求量

按月计算牧草需求量(表5-12)。

表5-12　确定饲草需要量

牧草	数量											
	1	2	3	4	5	6	7	8	9	10	11	12
合计													

3. 分析土地质量

分析牧场所能使用的土地的环境条件,根据以上分析和畜种情况确定可以使用的牧草种类和品种。

可供选择的牧草:(1)＿＿＿＿＿＿;(2)＿＿＿＿＿＿;(3)＿＿＿＿＿＿;(4)＿＿＿＿＿＿;(5)＿＿＿＿＿＿;(6)＿＿＿＿＿＿;(7)＿＿＿＿＿＿;(8)＿＿＿＿＿＿;(9)＿＿＿＿＿＿;(10)＿＿＿＿＿＿。

4. 制定种植计划

根据牧草需求量、土地质量和牧草种类确定种植计划,包括利用计划(表5-13)。

表5-13 根据地区气候特点牧草种植规划

牧草	面积 亩	月份/产量(万公斤/亩)												总计
		1	2	3	4	5	6	7	8	9	10	11	12	
产草量														
需求量														
差额														

实验四十二　常见饲草标本的制作

一、实验目的和意义

饲草标本是解决饲草教学的有力手段之一。饲草标本可以更好地认识、了解饲草,不受区域性、季节性的限制;同时,饲草标本也便于保存饲草的形状、色彩,以便日后重新观察与研究。少数饲草标本也具有收藏的价值。通过对饲草标本的制作,更加深刻地了解饲草的植物学和生态学特性。

二、仪器和试剂

1. 仪器和用具

手持放大镜、旧报纸或草纸、镊子、台纸、标本夹、解剖剪、标签、针线、胶水、半透明纸、标本缸、电炉、烧杯(2000 mL)、温度计、量筒等。

2. 试剂和材料

试剂:醋酸铜、福尔马林等。

材料:各种饲草植株。

三、实验方法与步骤

1. 蜡叶标本的制作

(1)选取材料:将从野外采集回来的标本立即进行处理。先将植物清洗干净,挑出同种植物中各器官较完备的植株,把多余、重叠的枝条进行适当修剪,避免相互遮盖。有的果实较大,不便压制,要剪下另行处理保存,确保材料跟台纸大小相适宜。

(2)压制:对经过初步整理后的标本要进行压制。压制植物标本要用标本夹,压制时可把标本夹的一扇平放在桌子上,在上面铺上几层吸水性强的纸(旧报纸或草纸),把标本放在纸上,并进行必要的整形,使花的正面向上,枝叶展平,疏密适当,使植物姿态美观,然后再盖上几层吸水纸,这样一层一层的压制,达到一定数量后,就将标本夹的另一扇压上,用绳将标本来捆紧,放在干燥通风有阳光处晾晒。开始吸水纸每日早晚各换一次,2~3 d后可每日换一次,雨季要勤检查,防止标本发霉,通常一星期左右,标本就完全干了。

(3)上台纸:压制好的干燥标本可用塑料贴纸将其贴在较硬的台纸上,位置要适当,植物的粗厚部分,用针线钉牢在台纸上,以防脱落,并在台纸右下角贴上标签,然后加上半透明同台纸大小相同的盖纸,以保护标本,装入标本盒内。

(4)保存:保存蜡叶标本应有专柜,按类放好。为了防止发霉、虫蛀,柜子应放在干燥处,并在柜子里放置樟脑球等并定期检查。

2. 浸制标本的制作

(1)将福尔马林用清水配成5%或10%的溶液,放于标本瓶(标本缸)中;

(2)将采集好的植物标本清洗干净,放入标本瓶(标本缸),浸泡在药液中即可,最后盖上瓶盖,进行封口;

(3)在标本瓶的外面贴上标签,注明植物标本的名称、特征及浸渍日期等。

四、注意事项

(1)浸制标本制作时,如标本内含有空气较多,不能在溶液中下沉,则可用玻片或其他瓷器等重物将植物标本压入浸渍药液中。

(2)制成的植物标本应放在阴凉无强光照射的地方保存。

五、思考题

(1)还有哪些方法可以制作不同种类的标本?

(2)浸制标本为什么可以长期保持牧草的颜色?

参考文献:

[1] Heath,Maurice E. 等主编. 牧草:草地农业科学[M]. 北京:中国农业出版社,1992

[2] 崔国盈等编著. 优质牧草栽培及饲草料加工技术[M]. 乌鲁木齐:新疆科学技术出版社,2006

[3] 郭孝,李明主编. 饲草种植新技术[M]. 郑州:中原农民出版社,2008

[4] 陈绍萍主编. 优良牧草的栽培与利用[M]. 贵阳:贵州人民出版社,1990

[5] 苏加楷等编著. 牧草高产栽培[M]. 北京:金盾出版社,1993

[6] 内蒙古农牧学院主编. 牧草及饲草栽培学[M]. 北京:中国农业出版社,1990

[7] 常根柱,时永杰编著. 优质牧草高产栽培及加工利用技术[M]. 北京:中国农业科技出版社,2001

[8] 翟桂玉等编著. 牧草栽培问答[M]. 太原:山西科学技术出版社,2004

[9] 陈宝书主编. 牧草饲草栽培学[M]. 北京:中国农业出版社,2001

[10] 董宽虎,沈益新主编. 饲草生产学[M]. 北京:中国农业出版社,2003

[11] 罗富成,毕玉芬,黄必志主编. 草业科学实践教学指导书[M]. 昆明:云南科技出版社,2008

[12] 张守国. 植物主题干花标本的制作. 生物学教学,1990

[13] 张彪,淮虎根等主编. 植物分类学实验[M]. 南京:东南大学出版社,2002

第六部分　草地经营与保护

实验四十三　草地植被调查与取样

一、实验目的和意义

我国草地分布广泛,面积辽阔,类型复杂,草地作为一项重要的自然资源,应当定期进行调查,摸清其现状和发展动态,从而为制定培育、改良、利用草地的方针、措施,为畜牧业合理配置草地植被提供科学依据。

本实验通过开展草地植被的调查取样,使学生掌握草地植被调查的样地设置、样方布局、样方的测定和描述等技术,了解草地植被的调查与取样方法,以便今后在草地培育与管理工作中能熟练应对。

二、材料和用具

样方框、0.1 m²样圆、钢针、经纬仪、海拔仪、钢卷尺、剪刀、草袋、秤、登记表格、写生板、标本夹、铅笔、橡皮等。

三、实验方法与步骤

1. 样地的选择

为研究和分析草地植被必须建立试验样地,在样地中取样进行分析。样地应当能提供关于该群落充分而完整的特征。因此样地应有一定的面积,草本植被样地的面积应至少为100~400 m²,个别特殊的群落若其总面积很小,则可将全部面积作为样地使用。对于灌木丛面积应更大一些,一般为400~1000 m²;在平原地区,样地面积可适当扩大;在山区,由于生态条件复杂和空间上变化迅速,群落的变化也很快,因此样地可适当缩小。

样地是代表一个群落整体的地段,因此样地应选在群落的典型地段,尽量排除人的主观因素,使其能充分反映群落的真实情况,代表群落的完整特征,因此样地应注意不要选在被人、畜过度干扰和破坏的地段,也不要选在两个群落的过渡地段。平地上的样地应位于最平坦的地段。山地上的群落应位于高度、坡度和坡向适中的地段。具有灌丛的样地,除了其他条件外,灌丛的郁蔽度应是中等的地段。

样地的轮廓可以是定形的,如正方形、长方形;也可以是不定形的,如对平地和山地的小面积群落,可沿其自然边界建立样地。样地四周应当用围栏加以保护,以免人、畜破坏。为了精确的研究,尤其是数量动态的研究,样地需用网眼为 5 cm×5 cm 以下的网围栏保护,防止野兔等采食。

2. 取样和取样单位的布局

为了某一项草地植被特征的研究,需要在样地内抽取一系列的取样单位进行研究。如果植被具有完全均匀的组成和分布,那么在任何地方抽取取样单位都可以,但这种情况在自然界的草地中并不存在,因此就不得不抽取一系列的样本并对其布局做出合适的安排,以保证从取样单位获得的信息与数据能代表样地,进而能代表整个草地群落。有下列几种取样方法可根据实际情况进行选用。

(1)随机取样法:随机取样也称客观取样,即按随机性原则,从样地中抽取部分单位作为样本进行调查,以取样单位获得的信息与数据代表样地和群落的信息。

随机取样的目的在于使样地中的任何一点都有同等的机会被抽作取样单位。具体取样方法为:在样地内互相垂直的两个轴上,利用成对的随机数字作距离以确定取样的地点,即先从一个方向以随机步数进行取样,取完后改变方向并重复这一程序。

(2)系统取样:这种方法是将取样单位尽可能地等距、均匀而广泛地散布在样地中,以避免随机取样时取样单位分布不规则,某些地方取样单位过多,而另外一些地方又太少的缺点。

(3)限定随机取样:这是随机取样和系统取样的有机结合。它体现了二者的优点。具体做法是将样地进一步划分为较小单位,在每个单位中采用随机取样,这样可使样地内每个点都有成为样本的机会,而且数据适于统计分析。限定随机取样比其基础方法费时,因为样地面积须用网格画出,以便决定较小单位的取样数及其随机点的位置。

(4)分层取样:这种方法适用于具有明显的镶嵌分布的草地群落,或由较小的异质群落构成的群落复合体等。取样时先将样地划分为相对同质的各个部分,然后在每部分内按其面积或其他参数使用随机或系统取样。在非镶嵌的灌丛草地,可在同一面积上对灌丛和草本植被分别取样,然后对获得的数据进行计算以得到统一的结果。

3. 取样单位的大小和数目

取样单位的形式和种类很多,包括样方、样圆、样线、样带、样点等。样方就是面积为正方形或长宽比小于4:1的矩形取样单位。使用样方作为取样单位的取样方法就是样方法,样方法是植物群落学中经常使用的一种有面积取样单位的取样方法。现以样方法为例对取样单位的大小和数目介绍如下:

(1)样方的大小和最小面积:从统计学的要求出发,取样的面积越大,所获得的结果越准确,但所费的人力和时间相应增大。取样的目的是为了减少劳动,因此要使用尽可能小的样方,但同时又要保证试验的准确和达到统计学的要求。样方的最小面积常用种—面积曲线法确定。

草本植物群落的样地面积,一般为 1 m^2,但根据群落特征和研究的要求,可以适当扩大为 2 m^2×2 m^2 或 4 m^2×4 m^2。灌丛的样地面积一般为 4 m^2×4 m^2,2 m^2×2 m^2。当考虑植物株群大小,植被疏密状况时,可适当扩大。

(2)取样数目:根据种—面积曲线确定了取样面积之后,还应确定取样数目,即样方的重复数问题。取样误差与取样数目的平方成反比,如要减少1/3的误差,就要增加9倍的取样数目。由于草地植被的差异性及对精度的不同要求,不能提出通用的取样重复数。典型草原:0.5 m² 的样方重复6次,1 m² 的样方重复4次;高山草甸:0.25 m² 的样方重复5次,0.5 m² 的样方重复3次;荒漠草原和草原化荒漠:2 m² 的样方重复3次;蒿属荒漠和半荒漠:1 m² 的样方重复3次。

(3)样方的形状:一般使用正方形的样方。由于边际影响是形成误差的原因之一,从这一点出发,同样的面积正方形样方优于长方形。但是长方形比同样面积的正方形在体现地段的变化上更为有效,在面积较大时,长方形的样方使人工作时方便一些,因此长方形的样方也有其优越性。根据试验,使用两种样方所得结果差异不显著,因此可视具体情况任选一种形状。

样方法常用于测定种属组成,种的饱和度、多度、密度;在测定重量时最好面积加大1倍,或重复数增加1倍。在用于测定盖度时,除可目测外也可在样方内使用点样法。

4. 植物群落分析描述

(1)植物种:首先登记群落内所有植物名录。

(2)生活型:可按下述分类登记。①乔木;②灌木;③半灌木;④多年生草类;⑤一年生草类;⑥苔藓类;⑦地衣类。

(3)物候期:系指植物在某一时期的气候条件下所表现的生长发育状态。在野外调查时,可按下述的规定登记每种植物的物候期。

①出苗

②分蘖或分枝:禾本科、莎草科和石蒜科称为分蘖;豆科和其他杂类草称为分枝。

③拔节或茎形成。

④开始抽穗或开始孕蕾。

⑤完全抽穗或完全孕蕾。

⑥开花初期:花蕾开始开放。

⑦开花盛期:50%左右的花蕾开放。

⑧开花末期:花朵大部分凋谢,只有个别花蕾和开放的花朵。

⑨果实开始形成:花凋谢,子房膨大。

⑩果实开始成熟:种子达乳熟或蜡熟。

⑪果实完全成熟:种子达完熟,十分坚硬。

⑫种子脱落:种子由于生殖枝或植株干枯而落粒。

⑬枯死:生殖枝和营养枝全部死亡。

登记时可按样方内同一种植物的大多数表现的物候期登记。如同时出现两个以上的物候期,可同时登记。例如,在开花盛期又有开始形成果实的现象时,可登记为开花盛期/果实开始形成。

(4)高度:分别测量营养枝、生殖枝的自然高度和伸展高度。草层高度指草地植被生殖枝的自然高度,营养枝的高度称为叶层高度。

(5)盖度:指植被的垂直投影面积占地面面积的百分比。通俗讲就是植物地上部覆盖地面的程度。测定盖度的方法在不同的条件下可用下述3种方法。

①针刺法:如样方框为1 m^2,借助于钢卷尺和样方框绳上每隔10 cm的标记,用粗约2 mm的细针(针越细则得出的结果越准确),按顺序在样方内上下左右间隔10 cm的点上(共点100个点),从植被的上方垂直下插,如果针与植物接触即算作一次"有",在盖度表6-1栏内划记一次,如没有接触则算"无"不划记。最后计算划记的次数,用百分数表示即为盖度。

表6-1　植物盖度登记表

样方编号:　　　　　地点:　　　　　草原类型:　　　　　日期:

植物名称	分盖度		总盖度	
	有植物刺点划记	分盖度百分数	无植物刺点划记	总盖度百分数

②线段法:对株丛较大的灌木和植被非常稀疏,不宜用针刺法测定时,可采用线段法(见表6-2)。用测绳在植株的上方水平拉过,垂直观察株丛在测绳上垂直投影的长度,并用钢卷尺或皮卷尺测量,然后计算植物总投影长度和测绳长度之比。用百分数表示即为要测的盖度。用线段法测定盖度时,应在不同方向取三条线段,求其平均数,每条线段长一般为100 m。

灌丛之间如有较小的草本植物时,则草本层仍用针刺法测其盖度,并分别说明灌丛层的盖度和草本层的盖度。应指出的是灌丛层的盖度和草本层的盖度之和并不是这个样地的总盖度,而要用下列公式计算总盖度。

总盖度(%)=灌丛盖度+(1−灌丛盖度)×草本层盖度。

表6-2　灌丛盖度和频度测定记载表

样方编号:　　　　　地点:　　　　　草原类型:　　　　　日期:

植物名称	盖度线长度(cm)记录	盖度百分数	频度百分数

③目测法:在上述方法测定熟练以后,有经验者可用肉眼直接进行估测,但误差不得超过5%。此法的不足之处是,无法估测各物种的分盖度。

(6)多度:指植被中某一植物个体的多少。多度的测定和表示方法有几种,较简单的是计算法。计算样方中一种植物个体的多少,如难以区别植物的个体(如芦苇、无芒雀麦等根

茎植物),可计算根茎的数目,计算法的多度等级可采用德鲁捷的六级制。其规定为:

cop.3 (copiosae)——植株很多,分盖度为70%~90%。

cop.2 (copiosae)——个体多,分盖度50%~70%。

cop.1 (copiosae)——个体颇多,分盖度30%~50%。

sp.(sparsae)——植株不多,星散分布,分盖度约10%以上。

sol.(soltarae)——植株很少,偶见一些个体,分盖度在10%以下。

un.(unicum)——表示种在样方中仅出现1株。

此外,还有两个符号 soc.(socialis)和gr.(gregatium)可与前述的一些等级连用,作为叙述的补充。soc.表示植株个体互相密接、郁闭、形成背景。gr.表示植株生成紧密的集体(图6-1)。

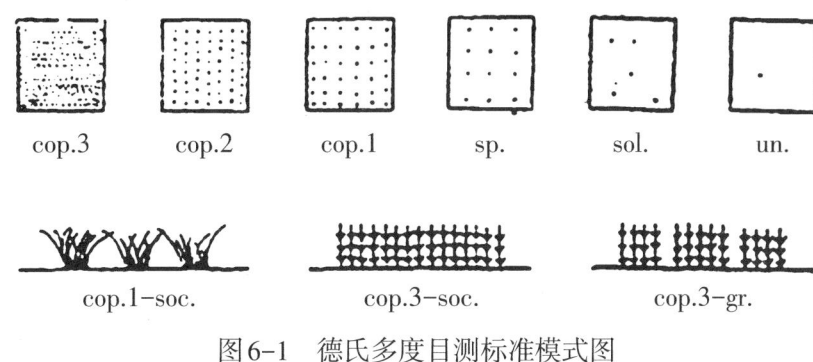

图6-1　德氏多度目测标准模式图
(摘录自罗富成、毕玉芬、黄必至,2008)

(7)频度:频度是指某一个种的个体在样地上的分布特征,表示种的个体在一个地段上出现的均匀程度。频度的测定是用0.1 m²的样圆,走遍调查的样地,沿着经过的路线将样圆抛出50次,并编制样圆圈内生长的植物名录。在编制全部的50个样圆名录之后,计算每一种植物在该群落中的频度百分数,这个百分数叫频度系数,用R来表示,R表示有该种出现的样圆数目与样圆总数的百分数(见表6-3)。Raunkiaer把频度划分为五级:

A(级)=1%~20%;B(级)=21%~40%;C(级)=41%~60%;D(级)=61%~80%;E(级)=81%~100%。

表6-3　植物频度测定登记表

草原类型:　　　　　登记人:　　　　　登记时间:

植物名称	测定次数及划记										划记总数	频度百分数
	1	2	3	4	5	6	7	8	9	…		

(8)生活力:通常只用来指那些在某一草地中因受放牧、割草或其他原因影响,而表现得发育不良或者生长发育非常茂盛的植物种类和个体。生活力可分为三级:

第一级:正常生活,能开花结实。

第二级:能正常生活,但不能开花结果,只停留在茎叶的生长阶段。

第三级:不能正常生活,植株比正常的矮小,发育体弱。

(9)重量:或称产量,是单位面积草地植物的鲜重或风干重,重量是草地植被成分发生变化后反应最灵敏的指标,它表示草地的总初级生产能力的大小,重量的调查与分析是草原调查中最主要的指标项目之一。

把样方内的草本和半灌木植物,按种或经济类群剪下,分别装入草袋称重。并登记在表6-4中,然后填写标签,放入袋内,带回放置在阴凉处风干,再称重,将风干重登记在表中。关于草的留茬高度,可根据放牧家畜而定;放牧黄牛留茬高度5~9 cm,马2~3 cm,绵羊、山羊和牦牛1~2 cm。

表6-4 草地植被状况及产量登记表

样方号:　　　　　　　　样方面积:　　　　　　　　登记人:

草原类型:　　　　　　　坡度坡向:　　　　　　　　登记时间:

序号	植物名称	层次	株数	苗数	多度	高度(cm)		盖度(%)		物候期	生活力	产量			备注
						生殖枝	营养枝	总盖度	分盖度			鲜重(g)	干重(g)	鲜干比(%)	
1															
2															
3															
……															

在干旱荒漠和高山灌丛地区,草地的饲料主要是灌木或半灌木,灌丛的大小差别很大,有时分布稀疏,因此要用1 m²×100 m²或2 m²×50 m²的大样方。在样方内按大、中、小将灌木分为三级,分别计算丛数,然后在每一级的丛数中选择3~5株丛,作为标准丛,在这些标准丛上用手摘取或用枝剪剪取家畜可食的粗2~3 mm的嫩枝叶。高大灌丛的上部,家畜采食不到的可以不剪。一般绵羊和山羊可以采食到1.2 m高度;牛和马1.8~2.0 m;骆驼可采食3.0 m的高度。求出大、中、小三级的标准丛产量,分别乘以各自的丛数,即为各级的产量;三级的产量之和,即为100 m²样方内的灌丛产量,然后再折算成1 m²的产量备用。

大样方内草本层的产量,仍用1 m²×1 m²样方重复5~6次,求出1 m²的产量。大样方灌丛和草本植物的产量,可按下列公式计算:

总产量($g·m^{-2}$)=灌丛产量+草本层盖度×草本层产量

测定产量时,如按每一种草分别剪取登记,可先记入植被样方登记表内,再转入产量样方登记表内即可。如果按禾本科、豆科、莎草科、菊科、藜科、杂类草、毒草及不食草等经济类群分别剪草登记,或按灌丛、草本登记,则直接记在产量样方测定登记表(表6-5)中。

上述测定的重量(产量)就是草原产草量计算的基础数据。

表6-5　样方产量测定登记表

样方号：　　　　　　样方面积：　　　　　　测定人：

草地类型：　　　　　　留茬高度：　　　　　　测定时间：

经济类群	袋号	鲜重(g)	风干重(g)	烘干重(g)	鲜干比%
禾本科草类					
豆科草类					
莎草科草类					
菊科草类					
蓼科草类					
杂类草					
毒害草					
灌木					
总计					

（10）种的优势度：系指草原上各种植物在草层中所占优势的程度，由重量、盖度、多度等多种特性决定。

①优势种：一般情况下，一个草地群落的优势植物只有1~2种，最多3~4种。在植物群落中，它们在数量上占主导地位。全部优势种的产量占群落总产量的60%~90%，分种的产量不少于15%。优势种的盖度不少于总盖度的30%。

②亚优势种：有1~3种，极端情况下可达4~5种，它们的数量仅次于优势种，产量不少于总产量的10%~30%，盖度在30%以下。

③显著伴生种：种数可以很多，但其全部产量不超过总产量的10%~30%，分种产量不超过1%~5%。

④不显著伴生种：种数比显著伴生种还要多，但个体数量少，难以计算重量，有时在样方内只有一株。

四、注意事项

除上述调查内容外，调查过程中还应简单记录调查草地的地面状况，如坡向、坡度、风蚀、水蚀等情况。

五、思考题

在进行草地植被调查时，如何确定样方的数目？

实验四十四　草地植被的数量特征

一、实验目的和意义

草地植被的数量特征是草地群落调查的重要内容,在群落生态学定量分析中尤为重要。通过本实验,使学生掌握草地植被数量特征的调查方法,了解通过这些基本数量特征如何得出群落的其他特征。

二、材料和用具

$1 m^2$ 样方框、铅笔、野外调查记录表格、计算器。

三、实验方法与步骤

1. 调查群落的种属组成及种的饱和度,测定各物种的多度、密度、盖度、频度和重量

每4个同学一组,在调查草地里用 $1 m^2$ 样方测定群落的种属组成及种的饱和度、各物种的多度、密度、盖度和重量,重复取样6次,样方随机放置。并用 $0.1 m^2$ 的样圆,即用直径为35.6 cm的圆圈,在样地中沿随机的方向随机抛出50次,登记和编制每一物种的植物名录。

(1)调查群落的种属组成及种的饱和度

种属组成是一个植物群落最基本的特征。研究种属组成就是仔细编制群落的植物名录。名录中的植物种名按生活型排列,每一生活型中可再按分类学系统或学名字母顺序排列。种属组成的研究应在最小面积、更大面积甚至整个群落内进行。

单位面积中已知植物种的平均数叫做种的饱和度,为了便于比较,草本群落种的饱和度以 $1 m^2$ 的种数为单位来表示。种的饱和度和环境条件相关,环境条件越优越,种的数目越多,种的饱和度越大。

(2)测定各物种的频度、盖度、多度、密度和重量

①频度:系指种在群落中分布的均匀程度。频度的测定是用 $0.1 m^2$ 的样圆,即用直径为35.6 cm的圆圈,在样地中沿随机的方向随机抛出50次,登记和编制每一物种的植物名录。在登记和编制了全部取样的植物名录之后,计算每一种在该群落中出现的百分数,登记于表6-3中。

②盖度:盖度指植物群落总体(总盖度)或各物种(分盖度)的地上部分的垂直投影面积与取样面积之比的百分数。盖度有投影盖度(全株盖度)和植基盖度两种。投影盖度是植物茎叶的垂直投影面积与样方面积之比的百分数。植基盖度是植物基部面积与样方面积之比的百分数。植物群落的总盖度可用目测法直接估计,但容许的误差不应超过5%;分盖度的估测准确度较差,因此采用针刺法实测获得,具体做法为:如样方框为 $1 m^2$,借助于钢卷尺和样方框绳上每隔10 cm的标记,用粗约2 mm的细针(针越细则得出的结果越准确),按顺序在样方内上下左右间隔10 cm的点上(共点100个点),从植被的上方垂直下插,如果针与植物接触即算作一次"有",在登记表(表6-6)盖度栏划记一次,如没有接触则算"无"不划记。最后计算划记的数次,用百分数表示即为盖度。

③多度:系指植被中某一植物个体的多少。本实验采用德鲁捷的六级制对群落中某种植物的多度进行测定,分种登记于表6-6中。

④密度:指单位面积中某种植物的平均株数。测定方法为统计样方内各物种的株数,分种登记于表6-6中。

⑤重量:或称产量,是单位面积植物群落(总产)或各物种(分种产量)的鲜重或风干重,测定方法为将样方内各物种剪下,称鲜重,风干,再称干重,分种登记于表6-6中。

2. 数据整理

数据整理是将野外调查的原始资料条理化,并演算出一些反映群落特征的数量指标。其中反映种群在群落中优势度大小的指标有:

相对密度(D'):某物种在样方内的个体数与样方内全部物种个体总数之比。

相对盖度(C'):某物种在样方内的盖度与样方内群落总盖度之比。

相对频度(F'):某物种的频度占所有物种频度之和的百分比。

相对重量(W'):某物种的重量占样方内所有物种重量之和的百分比。

优势度(SDR)或重要值(IV):是一个综合的指标,通常综合考虑相对盖度、相对重量、相对密度和相对频度中的2~4个指标。计算公式为:

$IV = W' + C'/2$ 或 $W' + C' + D'/3$ 或 $W' + C' + D' + F'/4$ ……

上述指标可整理成群落数量特征调查表(表6-6),从中可清楚看出群落中各种群在群落中的优势度的大小。

表6-6 草地植被数量特征调查登记表

样方号:　　　　　　样方面积:
测定人:　　　　　　测定时间:

植物名称	物种总数	盖度(%)		密度(株)	多度	重量(g)		重要值
		总盖度	分盖度			鲜重	干重	

四、思考题

物种重要值的计算,取哪些指标较为合适,为什么?

实验四十五 草地植被的综合特征

一、实验目的和意义

草地植被的综合特征是用已确定的、分析特征相似的草地是否确实属于同一类型,以及决定它们彼此之间差别程度大小的一些种或群落的特征。草地植被的综合特征包括种的存在度、恒有度、确限度以及群落的相似系数和多样性系数。本实验通过对草地群落种的存在度、恒有度以及群落的相似系数、多样性系数的测定和分析,使学生掌握草地植被综合特征的测定方法,认识草地植被综合特征的生态学意义。

二、材料和用具

1 m² 样方框、铅笔、野外调查记录表格、计算器等。

三、实验方法与步骤

(1)每4个学生一组,在已知的群落类型里用1 m² 样方测定其种数及每个种的盖度、密度和重量。重复取样6次,样方随机放置。

(2)整理合并数据,并分别计算种的存在度和恒有度以及群落的相似系数和多样性指数。

①存在度:在同一型的各个草地群落中,某一种植物所存在的群落数就是存在度。它可以分为5级:

存在度1:该种植物存在于小于20%的群落中。

存在度2:该种植物存在于21%~40%的群落中。

存在度3:该种植物存在于41%~60%的群落中。

存在度4:该种植物存在于61%~80%的群落中。

存在度5:该种植物存在于81%~100%的群落中。

②恒有度:把每个草地群落按一定的面积把植物种按存在度列成名单时,所得的数值称为恒有度,也可以说恒有度就是种在一定面积以内的存在度。

③群落相似系数

群落相似系数代表群落内环境异质性变化或随群落间环境变化而导致的物种丰富度和均匀度变化的指标。在数量分类学中,用群落相似系数来表示作为对象的两个分类单位间的相似程度。本实验采用 P. Jaccard (IS_j) 和 T. Sorenson 相似系数(IS_s)进行练习。

$$IS_j(\%) = \frac{c}{a+b-c} \times 100\%$$

$$IS_s(\%) = \frac{2C}{A+B} \times 100\%$$

式中:a——样方 A 中种的总数;

b——样方 B 中种的总数;

c——样方 A 和 B 中共有的种数;

A——样地 A 种的总数;

B——样地 B 种的总数;

C——样地 A 和 B 中共有种数。

④群落多样性指数

多样性指数是表征草地植被资源丰富程度的指标,往往用来刻划群落的结构特征。在恢复生态学的研究中,多样性指数可作为演替方向、速度及稳定程度的指标。

多样性指数是以数学公式描述群落结构特征的一种方法,一般仅限于植物种类数量的考察。在调查了植物群落的种类及其数量之后,选定多样性公式,就可计算反映植物群落结构特征的多样性指数。计算多样性的公式很多,形式各异,而实质是差不多的。大部分多样性指数中,组成群落的生物种类越多,其多样性的数值越大。本实验采用Shannon-Weaver多样性指数(H)和Simpson优势度指数(D)进行练习。

$H = -\sum P_i L_n P_i$

$D = \sum (N_i/N)^2$

式中:$P_i = N_i/N$,N_i 为物种 i 的重要值;

N——群落中所有物种个体总数;

N_i——物种 i 的个体数。

四、思考题

(1)多样性指数在草地群落分析中的作用是什么?

(2)比较不同群落类型的综合特征指数,并给以生态学意义上的解释。

实验四十六　饲草中常见病害的症状及类型

一、实验目的和意义

植物病害症状观察是植物病害诊断的基本方法之一。病害的症状为肉眼所能见到的东西。分为"病状"和"病征"。病状是指植物患病后发病部位所表现的综合特征;病征是病原物生长在患病部位的特殊结构,即子实体,一般为菌物营养体或繁殖体结构。绝大多数植物病害都有病状和相应的病征;少数病害只能见到相应的病状,如病毒病害、植原体病害、根部病害;也有些病害只有病征而无病状,如立木腐朽,在发病的初期和中期可见到担子果,树木却能正常生长。一些靠毒素侵染危害植物的病害,也不能见到病征。所以,病害的诊断是一件非常复杂的事情,除了肉眼观察外,常需借助显微镜、组织分离培养以及生物学、分子生物学等技术进行诊断。熟悉常见病害的症状,有利于对植物病害进行初步诊断。

通过室内外观察,了解牧草病害的种类及多样性,掌握主要症状类型,深刻理解植物病害概念和病害对农业生产的危害,并掌握病征和病状的一般类型,学会其记载方法,以便在病害诊断中加以利用。此外掌握常用临时玻片制作及病原菌检查的方法。

二、材料和用具

1. 仪器和用具

放大镜、载玻片、盖玻片、水、挑针、纱布、吸水纸、光学显微镜、解剖镜、镊子等。

2. 材料

盒装蜡叶标本、液浸标本、新鲜标本、苜蓿锈病、沙打旺白粉病、红豆草匍柄霉污斑病、柱花草炭疽病、苏丹草云纹病、赖草香柱病、老芒麦秆锈病、玉米大斑病、小麦根腐病、小麦秆锈病、小麦叶锈病、小麦黄矮病及小麦粒线虫病。

三、实验方法与步骤

(1)首先观察各类植物病害标本的色、形、味、态,按照变色、坏死、斑点、腐烂、畸形等,归纳各种病状的类型。

(2)用放大镜或解剖镜观察标本发病部位,注意是否有霉、粉、黑点、脓等病征特点,然后挑、刮病害的病征制作压片,观察病原菌子实体,最后归纳病征类型。

四、注意事项

(1)实验中试剂和病菌可能会导致皮肤不适,操作过程中注意不要让皮肤与试剂及病菌直接接触。

(2)操作过程中注意动作规范,精密仪器小心使用。

五、思考题

(1)植物病害的主要特征是什么?

(2)症状在病害诊断上有什么作用?

实验四十七　饲草病害的损失与统计

一、实验目的和意义

病害造成的经济损失包括直接的、间接的、当时的和后继的等多种不同形式,不可能对病害造成的全部损失完全搞清楚。一般所指的损失是指产量的损失。饲草病害的损失估计是指通过调查或实验,实地测定或估计出某种病害造成的损失。

估计饲草病害造成的产量损失的方法有多种类型,但大体分为单株法和群体法两种。单株法是目前应用较多的一种方法。因为田间植株个体间染病程度和生长发育情况差异很大,很难找到发病和生长发育都满足要求的个体,所以需要调查大量的植株(数百株至数千株),从中寻找发病等级不同的个体,并逐株挂牌登记(注意其中一定要有无病株作为对照)。在整个生长过程中调查数次病情,收获季节按单株收获计产,比较健株和各级病株产量的差异,从而计算出产量的损失。群体法是与单株法相对而言的,每次试验中考虑的植株群体较多,可以在田间小区或更大的面积上进行。这种方法最大的优点是试验条件接近田间实际情况。

本实验采用单株法对几种饲草的病害损失进行估计,通过本实验的开展,要求学生学习并掌握饲草病害损失的测定和估计方法,了解病害损失估计的基本原则。

二、材料和用具

(1)仪器和用具:天平、调查表、笔、尺子等。

(2)材料:感染黑穗病的禾草人工草地、感染褐斑病的禾草人工草地、感染白粉病的紫花苜蓿人工草地等。

三、实验方法与步骤

1. 病株与健株的选择

在大田内随机选健株和病株穴,分别插牌做标记(健株和病株量均应大于100)。选定植株后,按原先的方法统一管理。

2. 调查产量与病害的关系

生长期间对选中植株的病害进行系统调查,了解病害的严重程度,在收获期分别收获各单株的营养体,分别称重;比较健株和各级病株产量的差异,从而计算出产量的损失。

四、注意事项

产量的测定应将各个处理分别统计,再求平均值。

五、思考题

病害损失估计的研究方法有哪些?

实验四十八　饲草中常见有害昆虫种类及形态特征的观察

一、实验目的和意义

昆虫纲是世界上种类最多的一个类群,占整个动物界的2/3。根据昆虫的触角、口器、足以及翅的差异,可对其进行分类识别。本实验通过对饲草中常见有害昆虫的形态特征进行观察,掌握昆虫的形态结构特点,了解昆虫体躯的一般构造,熟悉饲草中常见有害昆虫的种类及其主要形态特征,以便在虫害诊断中加以利用。

二、材料与用具

1. 仪器和用具:体视显微镜、解剖针、解剖盘、镊子、载玻片等。

2. 材料:蝗虫、蜜蜂、蝴蝶、螳螂、蜻蜓、天牛、大蚕蛾、家蝇、白蚁、叩头虫、瓢虫等昆虫的标本。

三、实验方法与步骤

1. 昆虫体躯构造及昆虫纲基本特征的观察

取蝗虫标本为材料,观察昆虫的体躯构造及昆虫纲的基本特征。

2. 昆虫头部形态特征及附器观察

(1)头部分区和昆虫口器的观察:以蝗虫标本为材料,找出额区、唇基、头顶、颊区和后头;观察蝗虫、步甲、蝉的口器;

(2)昆虫口器的观察

咀嚼式口器:以蝗虫为例,观察其构造及各部分功能;

刺吸式口器:以蝉为例,观察其构造、特点以及与咀嚼式口器的区别;

观察蝴蝶、家蝇、蜜蜂的口器并指出其类型。

(3)单复眼的观察:以蝗虫、天牛、蜜蜂为对象,观察其复眼大小、形状、着生位置以及单眼的有无及数目。

(4)触角基本构造及类型的观察:用放大镜观察蜜蜂的触角,了解其基本构造。

3. 昆虫胸腹部形态观察

(1)观察胸部的结构及附属器官的有无及数目。

(2)观察腹部的形态及构造。

4. 观察昆虫足的基本构造和类型,了解其功能

(1)足的基本构造:以蝗虫为例观察。

(2)观察所给昆虫并指出其足的类型。

5. 观察昆虫翅的构造和类型

(1)观察蝴蝶的前后翅:了解三缘、三角、四区。

(2)观察翅脉:以蝴蝶、小地老虎为观察对象,了解纵脉和横脉。

6. 将所观察到的昆虫纲的主要特征登记于表6-7

表6-7　昆虫纲主要形态特征登记表

昆虫名称	体躯分段	触角	口器	足	翅及其对数

四、思考题

(1)昆虫纲的主要形态特征？

(2)饲草常见昆虫形态特征的观察在虫害诊断中有什么作用？

实验四十九　饲草中常见杂草的调查与识别

一、实验目的

杂草是指生长在有害于人类生存和活动场地的植物,一般是指非栽培的野生植物或对人类无益的植物。杂草与饲草作物争光、争水和争肥,还成为作物病虫害的转寄或越冬寄主。杂草对饲草作物的危害是非常明显的,轻者可以导致饲草作物品质和功能的退化,重者可以彻底破坏整个饲草作物而造成严重的经济损失。因此,掌握和识别饲草中常见杂草的形态特征,对于了解主要饲草作物中杂草的发生与分布,深入研究各种杂草的生物学特性,识别主要杂草,更好地开展草地杂草防除等十分重要。

二、材料和用具

《杂草彩色图谱》、杂草标本、采集杖、钢卷尺、标本夹、标本纸、手持放大镜等。

三、实验方法与步骤

1. 野外工作

在需要进行杂草调查的饲草田中,选定各种杂草,采集植物标本。采集时应仔细挖掘植物的地下部分,用水冲洗掉植物根部的泥土或杂质,夹到标本夹里,供室内鉴别观察。

2. 室内工作

对采集的标本进行植物学特征的识别,对照《杂草彩色图谱》及所学植物学分类知识进行识别,观测植物的叶片、根、茎、花序、种子等各部分指标,填写到表6-8中。

表6-8　饲草中杂草调查记载表

地点：　　　　　　时间：　　　　　　采集人：

序号	叶片形状	叶鞘及叶舌	茎的形状	匍匐茎	根的形状	根茎	花序	种子的形状及颜色	植物名称	鉴定人
1										
2										
3										
……										

四、思考题

(1)试验地区饲草中的常见的杂草有哪些?

(2)简要阐述每类杂草的识别要点。

实验五十　饲草地中杂草的防除

一、实验目的和意义

在饲草种植地中除了有价值的饲用植物外，还往往混生一些家畜不食或不喜食的植物，有时甚至混生一些对家畜有害或有毒的植物，这些家畜不食的或有害、有毒的植物，统称为杂草。这些杂草占据和侵袭着草地面积，与有饲用价值的优良饲草竞争水分与养料，排挤优良饲草，从而降低了草地的质量和生产能力，特别是当草群中的毒害草类数量多时，家畜大量采食后中毒甚至死亡，给畜牧业生产带来严重损失。

饲草地中杂草的防除，是草地培育改良的一项重要内容，也是保证草地永续利用和草地畜牧业可持续发展的基本农业技术措施。通常草地除草的方法有物理除草、人工除草、机械除草和化学除草。本试验的目的是使同学们了解草地杂草防除的基本方法，重点掌握化学除草的技术方法。

二、材料和用具

植物采集箱、采集杖、标本架、麻纸、2,4-D丁酯（有效成分75%）、茅草枯（有效成分87%）、背负式喷雾器、量桶、水桶、测绳、卷尺、小秤、样方框、样品袋、记录板、表格等。

三、实验方法与步骤

1. 杂草识别

杂草识别见实验四十九。杂草中还包含有毒植物，草地上的有毒植物种类极多，这些植物多属毛茛科、罂粟科、百合科、大戟科、木贼科。而禾本科、莎草科、豆科、伞形科的有毒植物很少，草地上的主要有毒植物有北乌头、翠雀、毛茛、唐松草、芹叶铁线莲、天仙子、一支黄花、问荆、变异黄氏、小花棘豆、披针叶黄花、沙冬青、遏蓝菜、北美独行菜、狼毒、狼毒大戟、兴安杜鹃、毒芹等。

2. 防除方法

(1) 物理除草：利用水、光、热等物理因子除草。如用火燎法进行垦荒除草，用水淹法防除旱生杂草，用深色塑料薄膜覆盖土表遮光，以提高温度除草等。

(2) 人工除草：包括手工拔草和使用简单农具除草。耗力多、工效低，不能大面积及时防除。现都是在采用其他措施除草后，作为去除局部残存杂草的辅助手段。

(3) 机械除草：使用畜力或机械动力牵引的除草机具除草。一般于作物播种前、播后苗前或苗期进行机械中耕耖耙与覆土，以控制饲草中杂草的发生与危害。此法的优点是工效高、劳动强度低。缺点是难以清除苗间杂草，不适于间套作或密植条件，频繁使用还可引起耕层土壤板结。

(4) 化学除草：即用除草剂除去杂草而不伤害作物的除草方法。化学除草的这一选择性，是根据除草剂对作物和杂草之间植株高矮和根系深浅不同所形成的"位差"、种子萌发先后和生育期不同所形成的"时差",以及植株组织结构和生长形态上的差异、不同种类植物之间抗药性的差异等特性而实现的。此法除草的选择性与除莠剂的选择、药液的配制、试验处理、喷雾技术等有关。此外,环境条件、药量和剂型、施药方法和施药时期等也都对选择性有所影响,以下为影响其除草选择性的重要因素:

①除莠剂的选择:如要清除全部植被或连片的毒草群落,可用灭生性除莠,要清除一种或多种杂草时应选用选择性除莠;要消灭多年生深根性毒草,则用内吸型除莠剂;灭除一年生杂草时用触杀性除莠等。

我国常用的除莠剂有:

1)2,4-D(2,4-二氯苯酚代乙酸)类,它是一种选择性内吸型除莠剂,对多种一年生或多年生双子叶杂草杀伤力强,而对单子叶植物效果则差。药剂用量通常为 1.5~3.5 kg·hm^{-2},加水 600~750 kg·hm^{-2}进行喷雾。

2)2M-4x(2-甲基-4-氯苯酚代乙酸)类,这类除莠剂对双子叶植物有较强的杀伤力,药剂的使用量为 15~60 kg·hm^{-2},加水 1800~3000 kg 混匀。

3)茅草枯(2,2-二氯丙酸钠),译名达拉明,内吸性选择性除莠剂,对狭叶单子叶植物有强烈的杀伤作用,对双子叶效果较差,使用剂量为 30~90 kg·hm^{-2},加水 1800~3000 kg,喷雾。

4)除草醚(2,4-二氯甲基-4-硝基二苯酚),触杀性除莠剂,可杀伤多种一年生与多年生杂草,在建立饲草作物地时,在牧草播种后出苗前施用 25%除草醚可湿性粉剂 20~30 kg·hm^{-2},加水 4000~5000 kg 配成药液喷洒地面,或拌 900~1200 kg 细土,制成药土均匀撒施。

5)五氯酚钠,触杀型灭生性除莠剂,对各种正在萌芽的杂草种子杀伤力最强,但对已出土的杀伤力很弱,可用 80%的干粉或 65%的湿剂 60~75 kg 制成药土撒于地表或配成药液喷洒地面。

6)扑草净,高效低毒内吸型传导型灭生性除莠剂,对各种杂草的幼苗杀伤力强,用量为 9~12 kg·hm^{-2},加水 3000~3600 kg,配成药液均匀喷洒。

②药液配制:药液浓度表示方法有三种:1)百分浓度法:如 10%药液即表示 100 kg 药液中含原液 10 kg;2)倍数稀释法:1:100 倍即 1 kg 药液加水 100 kg 冲成药液;3)百万分之几浓度:如需配百万分之二十(或 20 ppm)溶液,即将原液(以 100%计)稀释成五百万倍,在除莠时,可根据不同需要或不同农药的使用说明,配制成所需浓度。

③试验处理:本试验按每亩 160 kg 不同浓度的药液进行喷洒处理,小区面积为 0.1 亩,3 次重复,只是用茅草枯处理的要选成片分布的醉马草草丛,以免对其他牧草造成危害,喷洒 2,4-D 丁酯的样区随机排列,具体设计如表 6-9。

表 6-9 处理浓度及药液配制

除莠剂	处理浓度(%)	药量+水量(500 g/0.5 kg/亩)
2,4-D 丁酯或茅草枯(按有效成分 100%计)	0.3	0.24+79.96
	0.5	0.40+79.60
	0.7	0.56+79.44
	0.9	0.72+79.28
	1.0	0.80+79.20

④喷雾技术：喷洒除莠剂的方法，目前最常用的是喷雾，方法可分为航空喷雾与地面喷雾。航空喷雾适用于大面积的草场除莠，其优点是效率高，节省劳力，飞机喷雾的药滴极细，耗费的药量极少。但当草场除莠面积不大，特别是需在草场上重点喷雾时，地面喷雾有其优点，地面喷雾采用的机具有机引、马拉和背负三种。

由于除莠剂的药效与外界环境条件有密切关系，因而在进行草场除莠工作时应注意以下几方面：

1）要选择气温高，阳光充足的晴朗天气进行，因温度高时植物的新陈代谢旺盛，故药液进入植物体内的量也多，但温度过高，药液干得快，进入植物体内的量就减少，通常最适温度为20 ℃~25 ℃。

阳光充足，植物的糖代谢转化较强烈，从而加速了药剂在植物体内的运输；另一方面，湿度与温度高低有直接关系，在干旱地区，由于空气湿度低，可在清晨湿度较高的时候进行或加入浸润剂，延缓水溶液的干燥速度，当露水大时，应待干后再喷，以免冲淡药量。

风与雨水对喷洒效果有很大影响，有风时药液易干燥，而降雨会把药液淋掉，故应在无风晴朗的天气进行，如喷后6 h遇雨应进行补喷。

2）进行喷雾的时期应选择植物生长最旺盛的时候，一般应在幼嫩未抽茎前进行。

3）草场喷洒除莠剂后，需经10~15 d才能放牧家畜，以免造成家畜中毒。

4）在大面积草场除莠前，必须进行小区试验，以确定各种植物对药液的敏感程度、用药量、药液浓度等。

⑤观测及结果分析：本试验可在各处理样区中选一定数量的定株，在处理15~20 d后，观测灭效，然后进行统计分析，确定最适宜、最经济的浓度。

四、注意事项

使用化学除草剂对饲草中的杂草进行防除时，应特别注意以下问题：

(1)要正确选择除草剂的种类；
(2)根据饲草生长时期合理用药；
(3)掌握好除草剂的使用方法；
(4)注意用药安全，包括药剂的用量、用法、喷药时间、天气要求等；
(5)在大面积使用前，先进行小面积实验。

五、思考题

(1)饲草中杂草的防除方法有哪些，各有什么优缺点？
(2)化学除草剂的种类有哪些？各类除草剂有什么样的特点？

实验五十一　饲草病害标本的采集、制备及病菌的分离培养

一、实验目的和意义

饲草病害标本是饲草病害分类学研究的基本素材,有了标本即可在室外观察的基础上,开展室内各方面的工作,特别是病害诊断和病原物的分离鉴定工作,没有合格的标本以上工作就无从谈起。因此,病害标本的采集、制备及病菌的分离培养是植物病害研究和实验的基本工作。

本实验的主要目的与意义是:

(1)通过各类病害标本的采集、选择和制作,加深对各类病害症状的感性认识。学习标本采集要领和标本制作技术,为以后的实验准备试验材料。

(2)掌握常用培养基的制备及灭菌方法。

(3)通过对饲草病原真菌的分离培养,掌握病害研究的基本原理和方法。

二、仪器和试剂

1. 仪器和用具

标本夹、采集箱、塑料袋、枝剪、标签、高压灭菌锅、天平、电炉、铝锅、石棉网、铁架、漏斗(带橡皮管的铁夹)、量杯、玻棒、纱布、脱脂棉花、烧杯、药匙、称量纸、三角瓶、试管、灭菌培养皿、酒精灯、接种棒、菌种、喷雾器、镊子、剪刀、记号笔、显微镜、恒温培养箱、超净工作台、弹簧夹、乳胶管、木架或铁杯、离心管、离心机、表面皿或计数皿、解剖镜、不锈钢浅盘、滤纸、毛针、竹针、毛笔、皱纹纸等。

2. 试剂和材料

试剂:70%酒精、0.1%升汞液、无菌水、PDA培养基、NA培养基、葡萄糖、琼脂等。

材料:各病害饲草。

三、实验方法与步骤

1. 饲草病害标本的采集

(1)病害标本采集基本要求

①采集完整的标本。如果病害在叶、果实和枝干上都有表现时,尽量采集全面。

②每号标本应至少采集2~3份。

(2)病害标本的采集技术

①枝干、根部病害标本的采集

取其患病部位,用锯、枝剪或高枝剪剪取,切勿用手折断,影响标本的美观,对纤维长而强韧的枝干等,应特别注意。

②叶部病害标本的采集

大型叶植物,它们的叶子和花序均很大,采集标本时可采集一部分或分段采集,以同株上幼小叶加上花果组成一份标本(同时标明叶实际大小);或把叶、叶柄各自分段取其一部分。

(3)病害标本数据记录和标本编号

要求记录准确、简要、完整。并用铅笔或永久碳素水笔登记。

标本野外采集记录的内容应大致包括采集人及采集号、采集日期、采集地、生境、发病部位、饲草名称、附记等(见标签)。

饲草病害标本野外采集记录

采集人及采集号_____ 采集日期_____

采集地_____

生境_____

_____

发病部位

叶_____

花_____

果实_____

饲草名称_____ 俗名_____

学名_____ 中文名_____

附记_____

在野外采集时,就要给标本编上采集号,也可把标本带回室内再做编号。编号可写成号牌挂在标本上,也可以直接写在夹有标本的报纸上,但要注意别让内部标本脱落。无论哪种方式,均要确认号牌上的采集人及采集号与标本野外采集记录中的记载一致。

2. 饲草病害标本的制备

(1)野外采集新鲜病害标本,注意选取具有典型症状的材料直接压在标本夹或包好放在采集箱内带回。

(2)干燥法制作蜡叶标本是最经济、通用的方法,操作简单,制成的蜡叶标本可以长期保存。

新采到的有病植株在田间或带回实验室,精心挑选后平铺于吸水性良好、通透性强的草纸上,经过适当的整形后覆以几层草纸,再放另一种病害材料,如此层层叠叠。其上加重物或用木框(标本架)架好捆紧,在日光下暴晒。开始时,每天换一次草纸并适当修整标本,3~4 d后,改为隔日换纸直至标本完全干燥。也可以在恒温50 ℃的干燥箱内放置2~3 d。制好的标本可以装入纸叠的标本袋内存放于标本室和其他干燥场所,有条件的可以将一病害不同部位或不同症状类型的标本组合起来放在有玻璃的标本盒里以便展示。各种标本均应注意防止腐烂和虫蛀。

3. 病原真菌的分离

首先选择具有典型症状的新鲜病叶作为分离材料,按下述步骤操作:

(1)培养基平板制备:将PDA培养基在微波炉中加热熔化后,以无菌操作法将熔化过的培养基倾注入灭过菌的培养基中,每皿12 mL,可形成2~3 mm厚的平板。(为防止细菌污染,倒碟前给每个培养皿内加6%乳酸4~6滴)

(2)病叶或病枝经自来水冲洗,从病斑周转1~2 mm处的健康组织部位剪下。(若为枝杆,则将带有病斑的皮层剥下)

(3)取10 mL小烧杯酒精消毒,放入分离材料,倒入适量0.1%升汞液做表面消毒1 min,或用1%漂白粉消毒均可。

(4)消毒后倾出消毒液,用无菌水冲洗2~3次,最后1次无菌水不要倒掉。

(5)用灭菌镊、剪在无菌水中将分离材料剪成2~3 mm大小的方块,每块组织均应有病害和健康相间的组织。用灭菌镊子夹取剪好的材料,放入培养基平板上,轻轻按压。每皿4~5块,排放均匀。

(6)用蜡笔在培养皿上注明分离代号,日期,姓名,将培养皿翻转放置于23 ℃~25 ℃桌上。

(7)3~4 d后挑选由分离材料生长出的典型而无杂菌的菌落,在菌落边缘用移菌针挑取带有菌丝的培养基一小块,转入试管斜面培养基中央,于25 ℃恒温箱中培养。

4. 病原细菌的分离

病原细菌的分离方法以稀释分离法和画线分离法最为常用。在进行分离之前,首先应对感病材料做细菌学初步诊断,即经过镜检确认有喷菌(菌脓溢出)现象以后,才对该病组织做分离(少数病例无喷菌现象)。

(1)稀释分离法

稀释分离法是最经典的标准分离法,下面以鸭茅蜜穗病(*Corynebacterium* sp.)为材料,对其分离步骤进行简介。

①取灭菌培养皿3个,平放在湿纱布上,分别编号为1、2、3,并注明日期、分离材料及分离者姓名。

②在每一培养皿中用灭菌吸管注入0.5~1.0 mL无菌水。

③将病组织放在盛有无菌水的经灭菌的研钵中,用灭菌玻棒研碎并让组织碎块在水中浸泡30 min,让细菌充分释放到无菌水中成为细菌悬浮液。

④用灭菌接种环蘸一环孢子悬浮液,与第1个培养皿中的无菌水混合,再从第1个培养皿移三环孢子悬浮液到第2个培养皿中,混合后再移三环孢子悬浮液到第3个培养皿中。每次移菌前,接种环均需在酒精灯火焰上烧过。

⑤将熔化并冷却到45 ℃左右的NA培养基分别倒在3个培养皿中(每皿15~20 mL),摇动培养皿使培养基与稀释的菌液充分混匀,平置冷却凝固。

⑥将培养皿翻转后放入恒温箱(28 ℃~30 ℃)中培养3~4 d,观察菌落生长情况。

⑦获纯培养后,从菌落边缘挑取菌丝块移入斜面培养3~4 d后,放入冰箱保存。

(2)画线分离法(如图6-1)

除去上述稀释分离法以外,较为方便的方法是画线分离法,步骤如下:

①先把灭菌的NA培养基倒在灭过菌的培养皿中,凝成平板后,翻转放在30 ℃恒温箱中

24~48 h,表面无菌落生长者备用。

②配置细菌悬浮液。配制方法同本实验中4.(1).③。

③在培养皿盖上写上分离材料名称、日期和姓名。

④用灭菌的接种环蘸取细菌悬浮液在干燥的培养基平板表面按图所示画线。画过第一次线后的接种环应放在火焰上烧过,冷却后直接在第1次画线的末端向另一方向画线;同上,灭菌后再画第3次、第4次线。

⑤翻转培养皿,放在20 ℃~21 ℃恒温箱中培养,2~3 d后观察有无细菌生长,在哪些地方有单菌落生长。

⑥仔细挑取细菌的单菌落移至试管斜面,同时再用无菌水把单菌落细菌稀释成悬浮液作第2次画线分离。如两次画线分离所得菌落形态特征都一致,并与典型菌落特征相符,即表明已获得纯培养,最好要经过连续3次单菌的分离,以确保分离菌纯化。

（3）病原细菌的培养

病原细菌的培养条件因种类不同而略异。棒杆菌属细菌的生长最适温度较低(20 ℃~23 ℃);假单孢菌中的青枯菌类则要求在较高的温度(35 ℃)下才能良好地发育;软腐型欧氏杆菌在厌氧条件下生长比有氧条件下生长更快,致病力更强。

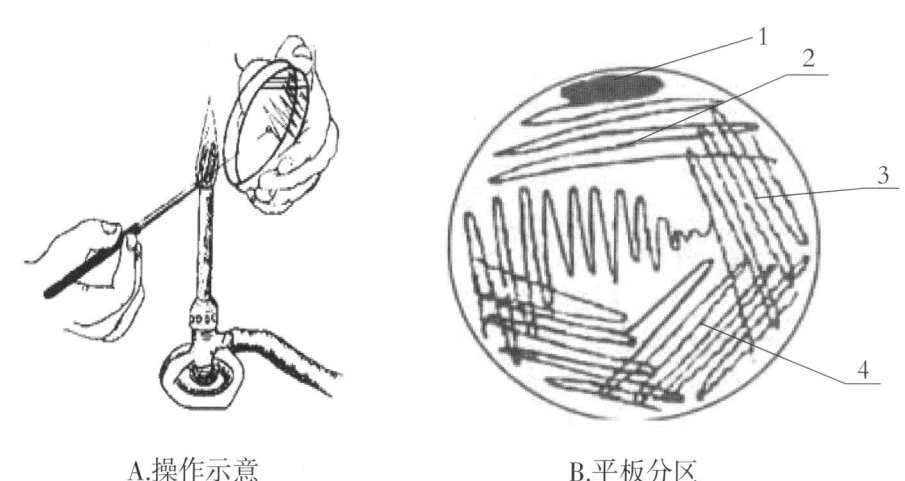

A.操作示意　　　　　　　　B.平板分区
图6-1　平板画线分离法
（摘录自许志刚,1993）

5.病原线虫的分离

大部分植物寄生线虫只危害根部,有些还寄生于根内,少数可危害地上茎和叶片等。从感病植物材料和土壤中分离线虫的方法很多,常用的方法有漏斗分离法、浅盘分离法、漂浮分离法等。

（1）贝曼漏斗分离法

该方法操作简单、方便,适于在分离植物材料和土壤中较为活跃的线虫。其分离方法如下:

①选用 1 只口径为 10~15 cm 塑料漏斗，下接 1 段长 5~10 cm 带有弹簧夹的乳胶管，漏斗放在木架或铁环上，漏斗内盛满清水。

②将有病植物材料或土样用双层纱布包扎好，慢慢浸入清水中，浸泡 24 h 后样品中线虫因喜水而从材料中游到水中，并因自身重量逐渐沉落到漏斗底部的橡皮管中。慢慢放出 5 mL 管中水样于离心管中，在 1500 r·min^{-1} 下离心 3 min。

③倾去上层水液，将底部沉淀物连同线虫一起倒在表面皿或计数皿中，在解剖镜下计数，然后将线虫挑至装有固定液的小玻管中备用。

(2)浅盘分离法

用 2 只不锈钢浅盘套放在一起，上面 1 只称为筛盘，它的底部是筛网(10 目)，下面 1 只浅盘略大一些是盛水盘(底盘)。分离方法如下：

①将特制的线虫滤纸放在筛盘中用水淋湿，上面再放 1 张餐巾纸，将供分离的土样或材料放在餐巾纸上。

②在两个浅盘的直接缝隙中加水浸没材料，在室温(20 ℃以上)下保持 3 d。

③材料中的线虫大都能穿过滤纸而进入托盘水中，收集浅盘中的水样通过 2 个小筛子(上层为 25 目粗筛，下层为 400 目细筛)。

④线虫大多集中在下层筛上，可用小水流冲洗到计数皿中。

浅盘法比漏斗法效果更好，它可以分离到较多的活虫，而且泥沙等杂物较少。

(3)胞囊漂浮器分离法(Fenwick-Oostenbrink 改良漂浮法)

对于没有活动能力的线虫胞囊可采用 Fenwick 漂浮筒漂浮的方法分离。分离方法如下：

①筒内先盛满清水，把 100 g 风干土样放在顶筛中。

②用强水流冲洗土样，使其全部淋入筒内。

③再用细水流从顶筛加入，使土粒等杂质沉入筒底，胞囊和草渣等则逐渐漂浮起来，沿筒口倾斜的环槽流到承接筛中(100 目)。

④把筛中胞囊等洗入烧杯中，再倒入铺有滤纸的漏斗中，收集滤纸上层胞囊。

⑤在解剖镜或放大镜下，用镊子、毛针、竹针、毛笔等工具从水烤或滤纸上挑取线虫。

四、注意事项

(1)植物病害标本的采集受植物生长季节、气候条件、采集地点、采集时间及作物品种布局等多种因素的影响，要把握时机才能采到所需要的症状典型的标本。

(2)对于病害标本的制作，不同部位制作和保存的方法不同。

(3)蜡叶标本在保存过程中，要保持标本室的干燥才能防止发霉，但干燥标本易遭虫蛀，因此最好每年用甲基溴等药剂熏蒸，以保证标本的完好。

(4)液浸标本保存液也要经常更换，以保证标本不腐烂。

五、思考题

(1)采集标本时应注意哪些问题？

(2)制好的植物病害标本如何保存？

参考文献:

[1] 四川农学院草原课题组编辑. 草地学(下). 雅安:四川农学院草原课题组编辑出版,1980

[2] 北京农业大学主编. 草地学. 北京:中国农业出版社,1982

[3] 沼田真(日)主编. 草地调查法手册. 北京:科学出版社,1986

[4] 姜恕主编. 草地生态研究方法. 北京:中国农业出版社,1988

[5] 内蒙古农牧学院草原管理教研室编. 草地经营. 呼和浩特:内蒙古大学出版社,1989

[6] 陈佐忠,汪诗平主编. 典型草原草地畜牧业优化生产模式研究. 北京:气象出版社,1998

[7] 韩金声等编著. 牧草病害. 北京:中国农业大学出版社,1988

[8] 任继周. 草业科学研究方法. 北京:中国农业出版社,1998

[9] 谢联辉,林奇英,徐学荣著. 植物病害. 北京:科学出版社,2009

[10] 罗富成,毕玉芬,黄必志主编. 草业科学实践教学指导书. 昆明:云南科技出版社,2008

[11] 朱进忠主编. 草业科学实践教学指导. 北京:中国农业出版社,2009

[12] 许志刚主编. 普通植物病理学. 第三版. 北京:中国农业出版社,2003

[13] 肖悦岩,季伯衡,杨之为,姜瑞中主编. 植物病害流行与预测. 第二版.北京:中国农业大学出版社,2005

[14] 洪晓月主编. 农业昆虫学实验与实习指导. 北京:中国农业出版社,2011

[15] 刘春元,刘建华,邢小萍. 谈植病实验教学标本的建设和管理[J]. 实验室科学. 2006

第七部分 饲草加工与贮藏

实验五十二 叶蛋白饲料的提取

一、实验目的和意义

叶蛋白饲料又称绿色蛋白浓缩物(Lerf protein concentration,简称 LPC),是以新鲜牧草或青绿植物的茎叶为原料,经压榨后,从其汁液中提取出高质量的浓缩蛋白质饲料。

目前,我国蛋白质资源匮乏,开发蛋白质饲料资源,已成为亟待解决的一个重要课题。青绿饲料来源广,富含高质量蛋白质,但纤维素含量高,适宜饲喂草食家畜,而猪、禽等单胃动物对青绿饲料蛋白质的利用率较低,而且青绿饲料容积大,冲淡了日粮的能量浓度,降低单胃动物的生产性能。如将青绿饲料的精华叶蛋白提取出来,作为猪、禽的高蛋白饲料,而把剩余的草渣作为反刍动物的饲料,此法两全其美,有着广阔的发展前景。利用牧草生产叶蛋白饲料,以其副产品草渣作为反刍动物的粗饲料,以其废液生产单细胞蛋白,是牧草深加工和综合利用的有效途径之一。

本实验的目的在于使同学们了解叶蛋白饲料的提取工艺,掌握叶蛋白饲料提取原理和提取步骤,增强对牧草加工业的了解。

二、仪器和试剂

1. 仪器和用具

多功能压榨机(或粉碎机)、细纱网或滤布、离心机、恒温水浴锅、烘箱、酒精灯、烧杯、试管、温度计等。

2. 试剂和材料

(1)试剂:$NaCl$、$NaHCO_3$。

(2)材料:苜蓿、三叶草、黑麦草、鸭茅、苋菜、牛皮菜、萝卜叶等。

三、实验方法与步骤

1. 原料采集

绿色牧草茎叶均可作为生产叶蛋白的原料。为了保证叶蛋白的产量和品质,在原料叶蛋白含量较高时及时收获,最佳收获时间:豆科牧草在现蕾期,禾本科牧草在孕穗期。且选择的原料应具备以下条件:叶中蛋白质含量高,叶片多,不含毒性成分,含黏性成分少。另外,原料采集后应尽快加工处理,以免由于叶子本身的作用和微生物的污染而引起叶蛋白产量和品质下降。

2. 粉碎、打浆和榨汁

条件允许的情况下可采用集粉碎、打浆和榨汁于一体的多功能压榨机。也可采用普通的粉碎机打浆,打浆3次,为增加出汁量,可以在第2、3次打浆时加入5%~10%的水分进行稀释,然后通过压榨机,将打好的浆状物挤压出汁液,并滤去遗漏的杂质。

3. 叶蛋白的凝聚

(1)热凝聚法:加热法是应用最早,最为普遍的一种絮凝方法。即把榨汁直接加热得到凝聚物,通过离心分离得到叶蛋白。经过滤后的汁液,放置水浴锅中加热,温度为60 ℃~70 ℃,加热时间均为2 min,快速冷却至40 ℃,滤出凝聚物,而后再置于水浴锅中加热至80 ℃~90 ℃,并持续2~4 min,滤出凝聚物。

(2)酸化法:利用蛋白质在等电点时变性沉淀的特性来分离粗蛋白质。即用盐酸将榨汁的pH值调节至4.0左右直至产生叶蛋白沉淀,再通过离心分离和干燥得到粗蛋白质。

(3)发酵法:是在缺氧条件下,利用微生物(乳酸菌)产生发酵酸(以乳酸为主)作为沉淀剂,通过离心分离得到粗蛋白质沉淀物。分为直接发酵法和发酵酸法。直接发酵法是将过滤后的汁液及时与乳酸菌接种,放置于厌氧发酵罐内发酵2 d,然后分离沉淀得到叶蛋白。发酵酸法是把预先发酵好的发酵液加入汁液中混合均匀,使蛋白质沉淀并分离。

(4)有机溶剂法:这种方法是向榨汁中加入有机溶剂(乙醇、丙醇等),降低介电常数,使蛋白质沉淀析出,通过离心分离得到粗蛋白质沉淀物。

4. 叶蛋白的分离

一般利用沉淀、倾析、过滤和离心等方法分离叶蛋白。也可用细纱网或滤布来过滤分离叶蛋白凝聚物。

5. 叶蛋白的干燥

分离出的叶蛋白粗产品含水量为50%~60%,在常温下易发霉变质,可自然晾干,或用鼓风干燥箱烘干(温度为65 ℃~70 ℃,烘干2 h)。自然干燥时可加入7%~8%的食盐或1%的氧化钙等,以防止浓缩物腐败变质。

6. 叶蛋白的贮存

为了便于叶蛋白的保存,在打浆过程中还可加入一些防腐剂(如$NaCl$、$NaHCO_3$等)来抑制外来菌的侵入,以免胡萝卜素及不饱和脂肪酸发生氧化,产生鱼腥味。

四、注意事项

(1)采用普通的粉碎机打浆时,一般需要打3遍,为了打浆容易,能够提取更多的叶蛋白,在打第2遍和第3遍时可适当加入一些水。

(2)打浆研磨时不应研磨得特别细,过细不利于叶蛋白的生产。

五、思考题

(1)写出叶蛋白饲料的提取工艺及步骤。

(2)叶蛋白饲料提取工艺中,最关键环节是什么?

实验五十三　青贮饲料的制作与品质鉴定

一、实验目的和意义

青贮饲料是指在青贮容器中的厌氧条件下经发酵处理的饲料产品。青贮的基本目的是贮存青绿饲料以减少营养物质的损失，青贮饲料主要用于反刍家畜，如奶牛、肉牛、乳羊和肉羊等。中国很多地区夏季高温高湿，难以调制干草，有的高水分原料本身不适合干草调制，而进行青贮则可解决这些问题。

青贮能有效保存青饲料的营养成分，减少营养物质的损失。青贮料适时青贮，其营养成分损失一般不超过15%；经过乳酸发酵后，生成大量的乳酸和少部分乙酸，质地柔软，具有酸甜清香味，牲畜喜食，适口性好且消化率高。青贮原料来源广泛，各种牧草和饲草均可用来调制青贮饲料，在枯草季节缺乏青绿植物时，青贮饲料能提供青绿多汁饲料，使家畜常年保持良好的营养状态。

青贮饲料发酵品质的好坏，直接与贮藏过程中的养分损失和青贮产品的底料价值有关，并影响家畜的采食量、适口性、生理功能和生产性能，因此正确评价青贮饲料品质，可为确定饲料等级和制定饲养计划提供科学依据。

通过本实验，了解青贮饲料的制作原理及其品质鉴定方法，掌握青贮饲料制作技术要点和青贮饲料品质的鉴定方法，以便在畜牧业生产中推广和普及青贮饲料。

二、仪器和试剂

1. 仪器和用具

切碎机或铡刀、塑料薄膜、秤、尺、大锹、滴瓶、搪瓷杯、吸管、玻璃棒、白瓷比色盘、青贮瓶、缸、塑料袋、青贮窖等。

2. 试剂和材料

（1）试剂

甲基红指示剂、溴甲酚绿指示剂、硝酸、3%的硝酸银溶液、盐酸溶液（1:3）、10%的氯化钡溶液。

青贮料指示剂：A+B的混合液

A液：溴代麝香草酚蓝 0.1 g + NaOH（0.05 mol·L^{-1}）3 mL + H$_2$O 250 mL

B液：甲基红 0.1 g + 95%乙醇 60 mL + H$_2$O 190 mL

盐酸、酒精、乙醚混合液：盐酸（相对密度1.19）+ 96%乙醇 + 乙醚（质量比为1:3:1）。

（2）材料

可根据当时、当地的条件，选择适宜的一种或多种青贮原料。如多花黑麦草、鸭茅、象草、狼尾草、紫花苜蓿、白三叶、牛鞭草、青玉米秸秆、新鲜甘薯秧、各种菜叶或秸秆。数量以青贮设备的容积而定。

三、实验方法与步骤

1. 青贮设备的准备

制作青贮饲料的容器主要有四大类，即青贮窖（壕）、青贮塔、地面堆贮及青贮塑料袋。按计划贮量、原料种类和数量，准备好相应的青贮容器。

2. 原料的刈割

选择晴好的天气进行收割。牛、羊等大家畜利用时，在牧草抽穗—开花期刈割；幼畜及猪利用时，在抽穗—开花前期刈割。

3. 铡切

牧草刈割后，运送到青贮窖旁边，利用铡草机或铡刀，视其牧草种类、饲用目的、茎秆粗硬、柔软程度进行铡切。作喂猪用的青贮原料切成2~3 cm或更短，喂牛、羊的则切成3~5 cm，粗硬茎秆牧草，切碎长度为2~3 cm，细而柔软牧草5~6 cm为宜。

4. 装填和压实

原料经过及时刈割、铡短后，迅速装入容器内。装窖前在窖底铺一层15~20 cm厚的麦草或其他秸秆，窖壁四周可铺一层塑料薄膜，加强密封，防止透水漏气。装填青贮原料时，应逐层装入铺平压实，每层装15~20 cm，随装随压实，特别是容器的四壁与四角更应注意压紧。

5. 密封

窖装满后，先在上面覆盖一层塑料薄膜，再加上30~50 cm厚的一层草，以补填青贮料由于重力作用而下陷的空位。然后用塑料布或草席覆盖，再在其上面覆盖一层土，使中间突起成拱形，在窖四周挖上适当的防水沟即可。当覆土由于青贮料下陷裂缝时，应及时覆土密封。

6. 青贮饲料的取用

青贮制作1个月后即可开始利用，从上到下，分层取草，切勿全面打开，防止暴晒、雨淋，严禁掏洞取草。窖内每天取草厚度不应少于5 cm，取后及时覆盖草帘或席片，防止二次发酵，发霉变质的烂草不能饲喂家畜。

7. 品质鉴定

启用时先作感官鉴定，必要时再作实验室鉴定。取样遵循通用的对角线和上、中、下设点取样的原则。取样点距青贮容器边缘不少于30 cm，以减少外部环境的影响。

（1）感官鉴定

根据色、香、味和质地来判断。鉴定标准见表7-1。

表7-1 青贮饲料感官鉴定标准

等级	气味	酸味	颜色	质地
优等	芳香味重，给人以舒适感	较浓	绿或黄绿色有光泽	湿润，松散柔软，不粘手，茎、叶、花能辨认清楚
中等	有刺鼻酒酸味，芳香味淡	中等	黄褐或暗绿色	柔软，水分多，茎、叶、花能分清
劣等	有刺鼻的腐败味或霉味	淡	黑色或褐色	腐烂、发粘、结块或过干，分不清结构

(2)实验室鉴定法

实验室评定以化学分析为主,包括pH值测定、有机酸测定以及腐败程度鉴定等,以判断发酵情况。

①pH值:取400 mL烧杯加半杯青贮饲料,注入蒸馏水使浸没青贮饲料,经15~20 min,用滤纸过滤。取滤液2滴滴于点滴板上,加入指示剂(或滤液2 mL注入一试管中,加入2滴指示剂),可在pH 3.8~6.0范围内表现不同颜色,并可按三级评分(表7-2)。

表7-2 青贮饲料pH评定表

pH范围	指示颜色	评定结果
3.8~4.4	红到红紫	品质良好
4.6~5.2	紫到乌暗紫蓝	品质中等
5.4~6.0	蓝绿到绿	品质低劣

②三级综合评分法:按以上酸度、气味和颜色三项指标,综合评定青贮饲料品质(表7-3、表7-4)。

表7-3 青贮饲料综合评定标准

按指示剂的颜色评定			按青贮饲料气味评定		按青贮饲料颜色评定	
颜色	pH	分值	气味	分值	青贮料颜色	分值
红	4.0~4.2	5	水果香味,弱酸味,面包味	5	绿色	3
橙红	4.2~4.6	4	微香味,醋酸味,酸黄瓜味	4	黄绿色、褐色	2
橙	4.6~5.3	3	浓醋酸味,丁酸味	2	黑绿色、黑色	1
黄绿	5.3~6.1	2	腐烂味,臭味,浓丁酸味	1	—	
黄绿	6.1~6.4	1	—		—	
绿	6.4~7.2	0	—		—	
蓝绿	7.2~7.6	0	—		—	

表7-4 青贮饲料总评表

青贮饲料评定等级	总分值	青贮饲料评定等级	总分值
3.8~4.4	11~12	劣等	4~6
4.6~5.2	9~10	不能用	3以下
5.4~6.0	7~8		

③青贮饲料的腐败鉴定:在粗试管中加2 mL盐酸、酒精、乙醚混合液,取中部有一铁丝的软木塞,铁丝的尖端弯成钩状,钩一块青贮饲料,伸入试管中,距离混合液面2 cm,然后塞紧软木塞。如饲料中有氨存在,与混合液中的挥发物质反应生成氯化铵,因而在钩上的青贮饲料四周出现白雾。

四、注意事项

（1）青贮原料要含有一定的糖分，含水要适宜。禾本科牧草的含水量以65%~75%为宜，豆科牧草以60%~70%为宜。

（2）创造缺氧的环境条件和适宜的温度条件，抑制好氧性细菌的繁殖。温度范围在20 ℃~30 ℃时最好。

（3）填装时要充分压实，青贮设备的密封性要好，防止二次发酵。

五、思考题

（1）调制青贮饲料的意义是什么？

（2）写出青贮饲料的原理以及方法步骤。

实验五十四　氨化饲料的制作与品质鉴定

一、实验目的和意义

氨化饲料是指将切碎的秸秆装入窖内或堆放成垛后通入氨气或喷洒氨水密封保存一周以上制成的饲料。氨化的主要原理是利用氨与秸秆发生氨解反应，破坏连接木质素与多糖之间的酯键，使消化酶更易与之接触，从而提高秸秆的消化率。氨化秸秆中的非蛋白氮可供瘤胃微生物代谢需要，促进微生物蛋白质的合成。这些微生物蛋白进入真胃和小肠后，在消化酶的作用下，与饲料中的过瘤胃蛋白一起被反刍动物吸收利用。瘤胃微生物利用非蛋白氮合成微生物蛋白的效率为80%~90%，因此，氨化处理所加氨源可视为在饲料中增加了粗蛋白质。

在农村，每年在收获谷物的同时，产生大量的作物秸秆，如玉米秸秆、小麦秸秆、高粱秸秆等。秸秆氨化后，一是可提高秸秆的营养价值，一般可提高粗蛋白质含量4%~6%；二是可以提高秸秆的适口性和消化率，一般采食量可提高20%~40%，消化率提高10%~20%，从而使奶牛的产奶量提高10%左右；三是氨化秸秆(指用尿素)的成本低，操作简单，易于推广。

本实验目的在于使同学们掌握常用秸秆氨化的制作方法、秸秆氨化处理的过程、原理以及品质检验方法。

二、仪器和试剂

1. 仪器和用具

小型氨化池或缸、塑料袋、切碎机或铡刀、塑料薄膜、秤、尺、水桶和洒水壶等。

2. 试剂和材料

饲料用尿素、饲料用食盐、无霉变的麦秸、稻草和玉米秸等

三、实验方法与步骤

1. 氨化饲料的制作

(1)原料准备：选择无腐败、无霉变、无泥沙的秸秆，用切碎机或铡刀切碎。玉米秸秆、麦秸按要求切成2~3 cm，稻草可切成5~7 cm。

(2)尿素盐水溶液的配制：每100 kg秸秆用尿素3 kg，食盐0.5 kg，配制成溶液。为加速溶解，可用40 ℃左右的温水搅拌溶解。

(3)喷洒溶液：将配制好的尿素盐水溶液均匀喷洒在切碎的秸秆上，边洒边搅匀。

(4)装填、压实：处理后的秸秆迅速装入氨化池内，边装边压紧。料装至高出池面20~30 cm时，用薄膜盖严，用泥土压实，确保不漏气漏水。

(5)密封：池(窖)装满压实后，用塑料薄膜盖顶，然后再在薄膜四周压土封严，顶上压上重物，防止薄膜破损漏气。

2. 氨化秸秆的质量评定

(1)感官鉴定：主要依据颜色、质地、气味等方面鉴定。氨化好的秸秆，打开时有强烈的

氨味,放氨后呈糊香或微酸香味,颜色变成棕色、深黄或浅褐色,质地柔软,温度不高。氨化秸秆质量感官法评定标准见表7-5。

表7-5 氨化秸秆饲料质量感官法评定标准

评定内容	氨化秸秆饲料质量			
	氨化好	未氨化好	霉变	腐烂
色泽	新鲜秸秆呈深黄色或黄褐色,发亮,颜色越深质量越好;陈年秸秆呈褐色或灰色	颜色与氨化前相同	呈白色,或发黑,有霉点	呈深红色或酱色
气味	开封时有强烈氨味,放氨后呈糊香或酸面包味	无氨味,仍为普通秸秆味	强烈的霉味	有霉烂味
质地	柔软、松散,放氨后干燥	无变化,仍较坚硬	变得糟损,有时发黏	发黏,出现酱块状
温度	手插入温度不高	手插入温度不高	手插入有发热感	手插入有发热感

(2)化学分析法:秸秆氨化的内在营养变化要通过化学分析来鉴定。秸秆氨化后,粗蛋白、纤维成分等都会发生变化,特别是粗蛋白含量会成倍增加。秸秆品种不同,氨化后粗蛋白含量增加幅度也不同。按氨化前一般秸秆粗蛋白质量分数为3.5%计算,氨化后达到5.6%即为及格;达到7.0%为良好;达到8.4%为优秀。

用成分分析来衡量氨化效果,除了评定成分变化外,还有一个指标是氨化效率。氨化效率是评定氨的利用程度的一个指标,是所用氨源氮与秸秆结合成铵盐的量占氮源施加量的百分比。分析氨化前后秸秆的粗蛋白量,两者相减则得通过氨化纯增加的粗蛋白量,该量与施加氨源的粗蛋白量之比即为氨化效率。

四、注意事项

用尿素氨化虽然比较安全,但要注意尽量缩短操作时间,最好当日完成,装满、压实,立即覆盖密封,以免尿素分解挥发。同时还要注意防止老鼠咬破塑料布。

五、思考题

(1)有哪些因素会影响饲草氨化的品质?

(2)还有什么方法可以鉴定氨化饲草的品质?

实验五十五　青干草的调制与品质鉴定

一、实验目的和意义

青干草是将牧草作物在质量和产量最好的时期刈割,经自然或人工干燥调制成的能够长期保存的饲草。它是草食家畜冬春季节必不可少的饲草,也是饲草加工业的主要原料。

牧草调制成青干草能够常年为家畜提供均衡饲料,缓解由于牧草生长季节不平衡而造成的畜牧业生产不稳定性。调制出的优质青干草饲用价值高,含有家畜所必需的营养物质,富含脂肪和矿物质,是磷、钙、维生素的重要来源,其中所含的蛋白质、可消化碳水化合物能基本上满足日产奶 5 kg 以下的奶牛营养需要。调制干草的方法简便,原料丰富,成本低,便于长期大量贮藏,可防止牲畜各种疾病的发生,在畜产品饲养上有着重要作用。因此,牧草调制成干草,对保障草地畜牧业的健康发展具有重要的意义。

本实验目的在于使同学们掌握青干草的调制及品质鉴定方法。

二、材料和用具

(1)仪器和用具:割草机或镰刀、搂草机或耙子、拖拉机或畜力车、铁(木)杈、翻草机、打捆机、恒温干燥箱、普通天平或台秤或手提秤、记录表格、晒草架(独木、三角或分层)等。

(2)材料:各种可进行青干草调制的饲草。

三、实验方法与步骤

本实验拟选用几种自然干燥法进行干草调制练习。

1. 地面干燥法

地面干燥法加工青干草工艺流程见图7-1。

就地晾晒 → 搂草 → 集草 → 打捆或垛草

图7-1　地面干燥法加工青干草工艺流程

(1)材料准备:禾本科牧草在抽穗期刈割,豆科牧草在始花期刈割。混播牧草中禾本科占优势者,按禾本科牧草的刈割期刈割;豆科牧草占优势者,按豆科牧草的刈割期。刈割牧草时应留有一定的留茬高度。

(2)就地晾晒:选择晴朗天气,待早晨露水消失后开始割草,青草刈割后在原地或另选一地势较高处将青草摊开暴晒,每隔数小时翻草一次,加速水分蒸发。然后用搂草机或手耙将凋萎状态的牧草搂成松散的草垄,在草垄上继续干燥4~5 h。在叶子开始脱落以前,收集成5~6 kg的小草堆。牧草在草堆中干燥1~2昼夜,即可达到适宜长期垛藏的干草含水量标准(15%~17%)。如果天气恶劣,可盖上草席或塑料布等,待天气晴朗再行晾晒。

(3)堆垛贮藏:干草贮藏可视其条件妥善保藏,具备干草棚或创造条件能够设置干草库的,可进行棚贮或库贮,以便有效地保持干草的优良品质和饲用价值。在无条件的情况下,采用露天堆垛贮藏。

2. 草架干燥法

多在多雨湿润地带使用此法。通常采用干草棚架晒制干草。

调制方法：先将牧草割下，在地面晾晒3~4 h，待大部分叶片凋萎后，用一部分牧草倒绑（距割茬末端6~10 cm处）成1.5~3 kg的小草捆，悬挂。草料上架，应离地面20~30 cm，厚度不超过70~80 cm，要求疏松，外层要平整倾斜，以便滤水。

3. 发酵干燥法

该方法多在山区和林区使用。由于割草季节天气多雨，不能按照地面干燥法调制优良干草，可采用发酵干燥法调制成棕色干草。

调制方法：在晴天刈割牧草，用1~1.5 d的时间使牧草在原地暴晒，或经过翻转在草垄上干燥，使新鲜的牧草凋萎，当水分减少到50%时，再堆成3~6 cm高的草堆，堆时应用力踩踏，力求紧实，使凋萎牧草在草堆上发酵6~8周，同时产生高热，以不超过60 ℃~70 ℃为适当。堆中牧草水分由于受热风蒸发，逐渐干燥成棕色干草。

4. 青干草的贮藏

(1) 露天堆垛：散干草堆垛的形式有长方形、圆形两种。堆垛时，应尽量压紧，加大密度。

(2) 草棚堆藏：气候潮湿、条件较好的牧场或奶牛场建造简易的干草棚，应防雨雪、潮湿和阳光的直射。存放干草时应使棚顶与青干草保持一定距离，以便通风散热。

5. 青干草的品质鉴定

(1) 样品的采集：在距表层20 cm深处，从草垛各个部位(至少20处)每处采集草样200~250 g，均匀混合而成，样品总重5 kg左右，然后再从平均样品中抽取500 g进行品质鉴定。

(2) 品质鉴定：根据干草的颜色、气味、含水量、适口性、植物学成分、茎叶比、调制干草时植物的生育期等综合性指标全面评定，用百分制分为五级。

①叶量：叶量、花序及嫩枝多，干草品质好，反之则差。

②颜色：按绿色程度可把干草品质分为4类。

鲜绿色：表示干草刈割适时，调制过程中未遭雨淋和阳光强烈暴晒，贮藏过程未遇高温发酵，较好地保存了青草中的成分，属优良干草。

淡绿色：表示干草的晒制和保藏基本合理，未遭雨淋发霉，营养物质无重大损失，属良好干草。

黄褐色：表示青草刈割过晚，或晒制过程遭雨淋或贮藏期内经过高温发酵，营养成分虽受到重大损失，但尚未失去饲用价值，属次等干草。

暗褐色：表示干草的调制和贮藏不合理，不仅受到雨淋，而且发霉变质，不宜再作饲用。

③气味：优良干草应具备甘甜味；有霉味或其他异味，表示干草品质差。

④刈割时牧草的生育期：刈割期对干草的品质影响很大，一般刈割豆科牧草在现蕾开花期，禾本科牧草在抽穗开花期刈割比较适宜。收割适时，量高质优。收割早，质好而影响产量，反之量高而质差。

⑤植物学成分：豆科牧草占比重大，表示品质优良；禾本科、莎草科比重大，表示品质中

等;其他高大杂类草比重大,表示品质下等。测定方法:在草垛中分20处取样,混合均匀取5 kg左右,分科测定其百分含量,进行比较。

⑥水分:干草的水分应在17%左右。可用经验法测定:抽一束干草贴于面颊不觉凉爽而湿热,抖动草束有清脆的沙沙声,将草揉搓成草辫时草茎劈开而不折断,松开手时草辫易松散,具弹性,表示干草含水量在15%~17%;干草含水量高于17%时,抖动无沙沙响声,有冰凉潮湿感觉,搓成的草辫松手后,松散慢,无弹性;干草含水量低于15%时,揉搓易折断,不能搓成草绳,搬运时叶片和幼嫩枝易脱落。

⑦毒草杂物:毒草不应超过10%,勿含有杂物,如沙砾、铁屑等硬物。

四、思考题

(1)认识青干草调制的原理,以及地面干燥的方法步骤。

(2)进行干草品质鉴定,将鉴定结果填入下表表7-6。

表7-6 干草品质鉴定表

项目 重复	植物组成(%)				叶量(%)	颜色	收获期(生育期)	含水量(%)	气味
	禾本科	豆科	其他科	毒害草					
1									
2									
平均									
干草等级							填表人:		

年　月　日

参考文献:

[1] 朱进忠主编. 草业科学实践教学指导. 北京:中国农业出版社,2009

[2] 玉柱,贾玉山,张秀芬主编. 牧草加工贮藏与利用. 北京:化学工业出版社,2004

[3] 苗彦军,薛永伟主编. 饲草饲料加工与贮藏学实验指导. 西藏农牧学院自编教材,2010

[4] 罗富成,蔡石建等主编. 饲料生产学. 昆明:云南科技出版社,2001

[5] 玉柱,贾玉山主编. 牧草饲料加工与贮藏. 北京:中国农业大学出版社,2009

[6] 农业部农业机械化管理司主编.牧草生产与秸秆饲用加工机械化技术. 北京:中国农业大学出版社,2005

[7] 卜毓坚等. 我国农作物秸秆综合利用现状及其技术进展. CROP RESEARCH,2006

[8] 刘向阳等. 氨化秸秆饲料的质量评定. 中国农业大学学报,2002

[9] 李旭斌. 氨化秸秆的品质和喂量. 湖南农业,2003

[10] 白军民. 氨化饲料的调制方法. 畜牧兽医杂志,2005

[11] 张秀芬主编. 饲草饲料加工与贮藏. 北京:中国农业出版社,1992

[12] 何峰,李向林主编. 饲草加工. 北京:海洋出版社,2010

[13] 崔国盈等编著. 优质牧草栽培及饲草料加工技术. 乌鲁木齐:新疆科学技术出版社,2006

[14] 许庆方著. 优质饲草青贮饲料的研究. 北京:中国农业大学出版社,2010

[15] 陈默君,张文淑,周禾编著. 牧草与粗饲料. 北京:中国农业大学出版社,1999

[16] 常根柱,时永杰编著. 优质牧草高产栽培及加工利用技术. 北京:中国农业科技出版社,2001

[17] 辽宁省科学技术协会编. 牧草与饲草生产贮制新技术. 沈阳:辽宁科学技术出版社,2010

第八部分 饲草品质鉴定

实验五十六 饲草中灰分的测定

一、实验目的和意义

饲草中的灰分(Ash),即饲草中的矿物质或称无机盐,主要为K、Na、Ca、Mg、S、P、Fe及其他微量元素。饲草有机物质的主要元素如N、H、O、C等在高温下(550 ℃)烧灼后被氧化而逸失,所剩残渣除含各种矿物质元素的氧化物外,还含有少量杂质,如黏土、砂石等,所以总称"粗灰分"。

本实验要求学生掌握饲草中粗灰分测定的原理及方法,并了解常见饲草的粗灰分含量。

二、仪器和试剂

1. 仪器和用具

通风柜、高温电熔炉、分析天平(感量0.0001 g)、电热板、干燥器、瓷质坩埚、坩埚钳、药匙、分样筛(孔径0.42 mm,40目)、研钵等。

2. 试剂和材料

(1)试剂:0.5% $FeCl_3$ 蓝墨水溶液:称0.5 g $FeCl_3·6H_2O$ 溶于100 mL蓝墨水中。

(2)材料:各种饲草干样。

三、实验方法与步骤

1. 原理

饲草在550 ℃灼烧后所得残渣,用质量百分率表示。残渣中主要是氧化物,盐类等矿物质,也包括混入饲料的砂石、土等。

2. 方法步骤

(1)试样制备

取具有代表性试样至少2 kg,用四分法缩至250 g,粉碎过0.42 mm孔筛,混匀,装入样品瓶中,密闭,保存备用(供实验五十七至六十三备用)。

(2)将带盖的瓷坩埚洗净烘干后,用墨笔蘸三氯化铁蓝墨水溶液在坩埚(盖)上编写号码(号码一律刻在坩埚和坩埚盖厂牌旁,便于寻找)。

(3)将带盖坩埚(盖微开)放入高温电熔炉内,550 ℃~600 ℃烧灼30 min,取出冷却1 min

后,移入干燥器内,冷却 30 min 后称重,再重复灼烧,冷却,称重,直至两次重量之差小于 0.0005 g(m_1)。

(4)在已知重量的坩埚内称取试样约 2 g(记为 m_2,精确至 0.0001 g)。

(5)在通风柜内将盛试样的坩埚置于电热板上用小火炭化,此时可将坩埚盖打开一部分,便于空气流通。

(6)试样炭化完全无烟后,将坩埚移入高温电熔炉内,坩埚盖打开少许,550 ℃~600 ℃灼烧 2~4 h。

(7)烧灼完毕,观察灼烧情况。若灼烧至试样全部呈灰白色,表示已经灼烧完全;若坩埚中灰分呈黑色、黑灰色,则炭化不完全,需重新放入高温电熔炉内继续灼烧 1~2 h;若呈红色,表示灰中有铁;如呈蓝色则含有锰,这是正常现象,不必继续灼烧。待炉温降至 200 ℃以下,打开高温电熔炉的门,用坩埚钳将坩埚移入干燥器内冷却 30 min,称重。

(8)将坩埚放入高温电熔炉内 550 ℃~600 ℃继续灼烧 1 h,后移入干燥器内冷却,再称重,直至前后两次称重差数为 0.001 g,即达恒重(m_3)。此灰分可作 Ca、P 等无机元素的测定。

3. 计算

$$Ash(\%) = \frac{m_3 - m_1}{m_2} \times 100\%$$

式中:m_1——已测恒重的空坩埚(带盖)重(g);

m_2——试样重(g);

m_3——坩埚(带盖)+粗灰分重(g)。

4. 重复性及允许误差

对同一试样取两份进行平行测定,取两次测定的算术平均值作为测定结果。粗灰分含量<5%时,允许绝对误差为 0.1%;粗灰分含量为 5%~7%时,允许绝对误差为 0.2%;粗灰分含量为 7%~9%时,允许绝对误差为 0.3%;粗灰分含量为 9%~11%时,允许绝对误差为 0.4%;粗灰分含量为 11%~13%时,允许绝对误差为 0.5%。

四、注意事项

(1)用电炉炭化时应小心控制温度,如果炭化时火力太猛,则可能由于物质进行剧烈干馏而使部分试样颗粒被逸出的气体带走。

(2)灼烧后残渣颜色与试样中各元素含量有关,含铁高时为红棕色,含锰高时为淡蓝色,但当有明显黑色炭粒时,为炭化不完全,应延长灼烧时间。

(3)灼烧后的灰分应呈灰白色无黑色炭粒,若 4 h 以上还未灰化完全,可取出,冷却后加几滴硝酸或过氧化氢,在电炉上干燥后再炭化。

(4)灼烧温度不宜超过 600 ℃,否则会引起饲草样品中磷、硫等盐的挥发。

五、思考题

(1)如何计算饲草干物质中粗灰分的含量?

(2)如何计算饲草干物质中有机物的含量?

实验五十七　饲草中粗蛋白的测定

一、实验目的和意义

饲草中的粗蛋白质（Crude protein，CP）是含氮物质的总称，除蛋白质外，还包括非蛋白氮（Non-Protein-Nitrogen，NPN），如氨、游离氨基酸、肽、硝酸盐、胺盐、酰胺、生物碱、含氮糖苷、尿素等含氮化合物。一般蛋白质中含氮16%，因此，将饲草的含氮量乘以6.25即视为其蛋白质的含量。6.25这个系数并不完全适用于饲草真实的蛋白质含量。但用凯氏法测出的数值（氮×6.25）是国际上公允的"粗蛋白质"这一模糊概念的近似值。

本实验要求学生掌握饲草及饲草的粗蛋白测定的原理及方法，并了解常见饲草的粗蛋白质含量。

二、仪器和试剂

1. 仪器和用具

电子分析天平（感量0.0001 g）、消煮管、消煮炉、酸性滴定管、凯氏半微量定氮仪、锥形瓶、容量瓶、三角瓶、分样筛、石蕊试纸等。

2. 试剂和材料

（1）试剂

①硫酸、混合催化剂（五水硫酸铜和硫酸钾）、硫酸铵、NaOH、H_3BO_3、甲基红-溴甲酚绿指示剂；

②盐酸（HCl）标准液：$0.0200\ mol·L^{-1}$ 1.67 mL盐酸注入1000 mL蒸馏水，用基准试剂无水碳酸钠标定；

③无水碳酸钠（Na_2CO_3）标定：基准试剂无水碳酸钠于270 ℃~300 ℃高温炉中灼烧1 h至恒重，称取0.1500 g，溶于50 mL水中，加10滴溴甲酚绿-二甲基黄指示液，用配制好的盐酸溶液滴定至溶液由绿色变为亮黄色即为滴定终点。同时做空白试验。

（2）材料：同实验五十六。

三、实验方法与步骤

1. 原理

本实验采用凯氏半微量定氮法测定饲草中粗蛋白质含量。在催化剂（$CuSO_4$、K_2SO_4、Na_2SO_4或Se粉）作用下，浓硫酸消化饲草中的有机物质，使蛋白质及其他有机态氮全部转变成氨，氨被浓硫酸吸收变为稳定的硫酸铵$[(NH_4)_2SO_4]$，而非含氮物则以二氧化碳（气体）、H_2O（气体）、SO_2（气体）的状态逸出。$(NH_4)_2SO_4$在强碱作用下逸出氨气，用硼酸吸收后，结合成硼酸铵，然后以甲基红-溴甲酚绿作混合指示剂，用标准盐酸溶液滴定，求出N的含量，将结果乘以换算系数6.25，即可计算出粗蛋白含量。

主要化学反应式如下：

有机物 + $H_2SO_4 \rightarrow (NH_4)_2SO_4 + CO_2\uparrow + SO_2\uparrow + H_2O\uparrow$

$(NH_4)_2SO_4 + 2NaOH \rightarrow 2NH_3\uparrow + 2H_2O + Na_2SO_4$

$NH_3 + H_3BO_3 \rightarrow NH_4H_2BO_3$

$NH_4H_2BO_3 + HCl \rightarrow NH_4Cl + H_3BO_3$

2. 方法步骤

(1) 试样制备

取具有代表性试样至少 2 kg，用四分法缩至 250 g，粉碎过 0.42 mm 孔筛，混匀，装入样品瓶中，密闭，保存备用。

(2) 消化

①称取饲草试样约 0.5 g（记为 m，精确至 0.0001 g），无损失的放入洁净干燥的 250 mL 消化管中。

②加入 6.4 g 混合催化剂，10 mL 硫酸，顺瓶壁缓慢加入，使瓶颈上附着的试样冲下，再加 2 粒玻璃珠。

③将消煮管放在消煮炉上加热。开始低温加热（200 ℃），待试样焦化、泡沫消失后，再调高温度（360 ℃~420 ℃），并维持溶液在微沸状态。在整个消化过程中应经常转动消煮管，使所有试样都浸入硫酸内进行彻底消化。如有黑色炭粒不能全部消失，则待消煮管冷却后，补加少量浓硫酸，继续加热，直至管内溶液呈透明蓝绿色，然后继续加热 1 h，消化完毕。

④一般饲草消化需 4~5 h，消化过程中会产生一些刺鼻有毒的气体，故需在通风橱柜中进行。

⑤同时进行试剂空白测定，取洁净干燥的消煮管加入 6.4 g 混合催化剂，10 mL 硫酸，再加 2 粒玻璃珠。加热消化，直至瓶内溶液澄清。

(3) 定容

消煮管冷却后加 20 mL 蒸馏水，转入 100 mL 容量瓶内。冷却后用水稀释至刻度，摇匀，作为试样分解液，总体积（V）。

(4) 半微量蒸馏

①开始蒸馏之前，将凯氏半微量定氮仪装置妥当，检查各结合处是否严密，冷凝管是否通水良好。然后用蒸汽洗净反应室。

②取 20 mL 2% 硼酸溶液，加入 150 mL 三角瓶内，再加入甲基红-溴甲酚绿混合指示剂 2 滴，置于蒸馏装置的冷凝管末端，使管口浸入硼酸溶液内。

③向蒸发室里注入 2/3 的水，并加入甲基红指示剂数滴，硫酸数滴，在蒸馏过程中保持溶液颜色为橙红色，否则补加硫酸。

④准确移取试样分解液 10 mL（V_3），从上部小漏斗注入蒸馏装置的反应室中，然后用少量蒸馏水冲洗漏斗入口，同样从上口小漏斗处加 40% 氢氧化钠溶液 10 mL 到反应室，关闭入口，加水密封，防止漏气。

⑤蒸馏装置下点燃酒精灯或电炉,开始蒸馏,待反应室液体煮沸变色后,开始计时,4 min后,移动三角瓶,使硼酸液面离开冷凝管口,用红色石蕊试纸检验管末端流出液体为中性后,继续蒸馏1 min,最后用蒸馏水冲洗冷凝管末端,洗液流入锥形瓶。停止蒸馏。

⑥蒸馏完毕,移开酒精灯,使废液自动流入反应室外,冲洗反应室2~3次。

⑦空白消化液用相同方法蒸馏。

（5）蒸馏步骤的检验

精确称取0.2 g硫酸铵,代替试样,按上述步骤进行操作,测得硫酸铵含氮量为21.19%±0.2%,否则应检查蒸馏和滴定各步骤是否正确。

（6）滴定

①将蒸馏后的吸收液用0.0200 mol·L⁻¹盐酸标准溶液滴定,至瓶中溶液由蓝色变为灰红色为止,准确读取盐酸用量V_2。

②同样滴定空白消化蒸馏液,所需盐酸标准溶液体积V_1。

3. 计算

$$CP(\%) = \frac{(V_2 - V_1) \times C \times 0.014 \times 6.25}{m \times \frac{V_3}{V}} \times 100$$

式中：m——试样重(g)；

V_1——空白滴定时所需盐酸标准溶液体积(mL)；

V_2——试样滴定时所需盐酸标准溶液体积(mL)；

V——试样分解液总体积(mL)；

V_3——试样分解液蒸馏用体积(mL)；

C——盐酸标准液浓度(mol·L⁻¹)。

4. **重复性及允许误差**

粗蛋白含量<5%时,允许绝对误差为0.3%；粗蛋白含量为5%~10%时,允许绝对误差为0.4%；粗蛋白含量为10%~15%时,允许绝对误差为0.6%；粗蛋白含量为15%~20%时,允许绝对误差为0.8%；粗蛋白含量为20%~25%时,允许绝对误差为1.0%；粗蛋白含量为25%~30%时,允许绝对误差为1.1%。

四、注意事项

（1）消化管中加浓硫酸时,应戴胶皮手套,且戴手套前应修剪指甲,以防止手套太紧或指甲太长划破手套,以至于在操作时烧伤皮肤。

（2）因消化需要回流过程,为减少蒸馏溢出损失,建议消煮管或凯氏烧瓶加盖漏斗消化。

（3）消化完成后,应待消煮管冷却后再向容量瓶转移并定容。

（4）凯氏定氮蒸馏过程中,要求整套装置呈密闭状态,蒸馏前应检查定氮仪各导管间的连接处是否密闭,以免产生泄露。

（5）使用蒸馏仪器时,严禁将蒸馏瓶两侧的阀门同时关闭,以免发生爆炸。当蒸汽气压过大时,可使导气管处于半关闭状态。

（6）蒸馏时蒸馏装置的蒸汽发生器内的水应加甲基红数滴和硫酸数滴，且保持此溶液为橙红色，以防止水中氨态氮的逸失而影响测定值。

（7）蒸馏期间，不得随意移开酒精灯，若反应室内溶液倒吸，需将反应室内溶液洗净后，再重新开始。在蒸馏结束时，应用蒸汽将蒸馏装置反应室中残液洗净并用蒸馏水冲洗冷凝管末端，洗液并入吸收液，以减少误差。蒸馏完毕应先取下接收瓶，然后关闭电源，以免酸液倒流。

五、思考题

（1）1 kg 饲草含有 25 g 粗蛋白，则 1 kg 饲草中含有多少氮？

（2）1 mg 0.01 mol·L^{-1} 盐酸溶液相当于 0.00014 g 氮，如何求得？

实验五十八　饲草中粗脂肪的测定

一、实验目的和意义

饲草中的粗脂肪（Crude fat, Ether extracts, EE）是可溶于无水乙醚的一组成分。粗脂肪中除包括脂肪外，还含有部分麦角固醇、胆固醇、脂溶性维生素、叶绿素及其他有机物质。

本实验要求学生掌握饲草中粗脂肪测定的原理及方法，并了解常见饲草的粗脂肪含量。

二、仪器和试剂

1. 仪器和用具

索氏提取器、电子分析天平（感量0.0001 g）、电热恒温水浴锅、恒温烘箱、中速脱脂滤纸、脱脂棉花、脱脂棉线、干燥器等。

2. 试剂和材料

试剂：无水乙醚、凡士林等；

材料：同实验五十六。

三、实验方法与步骤

1. 原理

本实验采用索氏（Soxhlet）抽提法测量饲草中粗脂肪含量。用乙醚反复浸提饲草中的脂肪，并使溶有脂肪的乙醚集于盛醚瓶中，而后将乙醚蒸发，瓶中所剩残渣即为饲草的脂肪。若浸提后烘去试样中残存的溶剂，称出残渣重，也可计算出脂肪重。

2. 方法步骤

（1）将盛醚瓶和浸提管洗净，在105 ℃烘箱中烘1 h。将全套仪器装置安放到水浴锅上，各接口用凡士林密封，勿使漏气，保证冷凝管通水良好。

（2）称取试样1~5 g（记为m_1，精确至0.0001 g）于脱脂滤纸中，将滤纸包好并用脱脂棉线扎牢，用铅笔编号，放入已编号的铝盒，置于105 ℃烘箱中烘2~3 h后取出，冷却称重，直至恒重（m_2）。

（3）取出烘干后的滤纸包，将其用长镊子夹住轻轻放入浸提瓶中。滤包长度以虹吸管的2/3为宜。冷凝管通水后，从其上口通过小漏斗加入无水乙醚60~100 mL。用脱脂棉塞紧冷凝管顶部。在60 ℃~75 ℃的水浴锅中加热，使乙醚回流，控制乙醚回流次数为10次/h，共回流约50次（含油高的试样不少于70次），或检查浸提管流出的乙醚挥发后不留下油迹为浸提完全。

（4）浸提结束，取出滤包放入原铝盒中，使乙醚挥发后移入烘箱105 ℃烘1~2 h，冷却30 min称重，两次重量之差小于0.001 g，即为恒重（m_3）。回收乙醚。

3. 计算

$$EE = \frac{m_2 - m_3}{m_1} \times 100\%$$

式中：m_1——风干试样重量(g)；

m_2——浸提前的滤纸包重(g)；

m_3——浸提后的滤纸包重(g)。

4. 复性及允许误差

粗脂肪含量＜2%时，允许绝对误差为0.2%；粗脂肪含量为2%~3%时，允许绝对误差为0.3%；粗脂肪含量为3%~4%时，允许绝对误差为0.4%；粗脂肪含量为4%~6%时，允许绝对误差为0.5%；粗脂肪含量为6%~9%时，允许绝对误差为0.6%；粗脂肪含量为9%~12%时，允许绝对误差为0.7%。

四、注意事项

（1）乙醚易燃，具有麻醉性。使用时须远离火源，室内不准点酒精灯、擦火柴、吸烟等。所用乙醚必须是无水乙醚，如含有水分则可能将试样中的糖以及无机物抽出，造成误差。

（2）测定脂肪所用饲草试样必须事先烘干，避免试样中水分影响实验结果。

（3）干燥试样用脱脂滤纸包扎好，一定要紧密，不能往外漏试样，否则重做。

（4）放入滤纸筒的高度不能超过虹吸管，否则乙醚不易穿透试样，脂肪不能全部提出，造成误差。

（5）提取时水浴温度不能过高，一般使乙醚刚开始沸腾即可（约45 ℃左右）。回流速度以8~12次/h为宜。

（6）试样滤纸包经乙醚提取后容易吸潮，称量速度要快。

五、思考题

滤纸包的长度为何不能超过浸提管的虹吸管高？

实验五十九　饲草中粗纤维的测定

一、实验目的和意义

饲草中粗纤维(Crude fiber, CF)主要包括纤维素、半纤维素、木质素、果胶以及不溶性非淀粉多糖类。它不是一个确切的化学实体,只是在公认强制规定的条件下测出的概略养分,以纤维素为主。

本实验要求掌握饲草中粗纤维测定的原理及方法,并了解常见饲草的粗纤维含量。

二、仪器和试剂

1. 仪器和用具

烘箱、茂福炉、电子分析天平(感量0.0001 g)、电炉、坩埚钳、表面皿、高脚烧杯、洗瓶、干燥器、消煮器、抽滤装置、过滤网、古氏坩埚等。

2. 试剂和材料

试剂:

(1) 25%盐酸、95%乙醇、乙醚、正丁醇、石蕊试纸;

(2) 0.128 mol·L^{-1}±0.005 mol·L^{-1} H$_2$SO$_4$溶液:取7.0 mL H$_2$SO$_4$,定容至1000 mL。用氢氧化钠标准溶液标定;

(3) 0.313 mol·L^{-1}±0.005 mol·L^{-1} NaOH溶液:取15 g NaOH(分析纯,不含或含微量碳酸钠)定容至1000 mL,用邻苯二甲酸氢钾标定;

(4) 邻苯二甲酸氢钾(C$_8$H$_5$KO$_4$)标定NaOH法:在玻璃烧杯中称取已经于105 ℃烘箱内烘1h的基准邻苯二甲酸氢钾(分析纯)1.8000 g。加蒸馏水50 mL,在电热板上加热混匀。加2滴酚酞指示剂,用NaOH溶液滴定,由无色变为淡红色为止。

材料:同实验五十六。

三、实验方法与步骤

1. 原理

本实验采用酸碱洗涤法测定饲草中粗纤维含量。用准确浓度的酸和碱在特定条件下消煮试样,再用乙醚、乙醇除去醚溶物,经高温灼烧后扣除矿物质后的剩余物,即为粗纤维。用酸碱洗涤法测得的粗纤维含量较理论值略偏低。

2. 方法步骤

(1) 滤纸、坩埚恒重

将滤纸、坩埚置于烘箱中105 ℃烘2 h,滤纸称重(记为m_1,精确至0.0001 g)。

(2) 石棉制备:将中等长度的石棉在25%盐酸中煮沸45 min,过滤后放在蒸发皿中,放入600 ℃茂福炉中灼烧16 h,用上述0.128 mol·L^{-1}±0.005 mol·L^{-1}硫酸浸泡石棉并煮沸30 min,过滤,用蒸馏水洗净酸液。同样用0.313 mol·L^{-1}±0.005 mol·L^{-1}氢氧化钠浸泡石棉并煮沸30 min,过滤,用少量硫酸溶液洗一次,再用蒸馏水洗净,烘干,放入600 ℃茂福炉中灼烧2 h

(除去有机物质)。1 g石棉经酸、碱处理后(空白实验),测得的粗纤维含量极微小(约1 mg)。

(3)试样测定

①称样:称取约2 g(记为m_2,精确至0.0001 g)干草粉放入600 mL高脚烧杯中(脂肪大于10%时必须脱脂)。

②酸洗试样:在上述烧杯中加入预热的0.128 mol·L^{-1}±0.005 mol·L^{-1}硫酸200 mL(豆科饲草加防泡沫剂正辛醇1滴)。将烧杯放在可调电炉上立即加热,使杯内液体在2 min内煮沸后,维持微沸30 min,为防止水分蒸发而使浓度改变,在高脚烧杯上放置一个冷凝球。在煮沸过程中应密切注意温度变化,尽量避免牧草粘贴在液面以上的瓶壁上。随后用布氏漏斗抽滤(开真空泵),烧杯与残渣用10 mL煮沸的蒸馏水冲洗3~5次至中性(用蓝色石蕊试纸检验)后抽干。整个抽滤过程要求10 min内完成。

③碱洗试样:用200 mL煮沸的0.313 mol·L^{-1}±0.005 mol·L^{-1} NaOH溶液冲洗(少量多次)滤布上的残渣至原烧杯内,立即将烧杯放于电炉上迅速加热并保持微沸30 min,随后在铺有已知重量滤纸的布氏漏斗上抽滤:用25 mL 0.128 mol·L^{-1}±0.005 mol·L^{-1}硫酸溶液洗涤,再用热蒸馏水冲洗烧杯和残渣至用红色石蕊试纸检验呈中性,最后15 mL乙醇、25 mL乙醚依次冲洗坩埚内残渣,并抽干。将全部残渣连同滤纸转入坩埚内。

④试样恒重:将坩埚及残渣放入105 ℃烘箱内烘干,约1~2 h,称至恒重m_3。

⑤灰化试样:将坩埚盖半开,置于电炉上用小火慢慢炭化至无烟,然后将坩埚转移入茂福炉在550 ℃中灼烧,至残渣中含炭物质全部烧尽,约30 min(也可直接在茂福炉中炭化,开始温度约200 ℃,等炭化完后,再使茂福炉温度上升到550 ℃,继续灼烧,进行灰化)。

⑥称重:待炉温降低至200 ℃左右,再用坩埚钳将坩埚移入干燥器内自然冷却,称重m_4。

3. 计算

$$CF(\%) = \frac{m_3 - m_4 - m_1}{m_2} \times 100\%$$

式中:m_1——滤纸重(g);

m_2——样本重(g);

m_3——105 ℃烘干后,坩埚及物重(g);

m_4——550 ℃炭化后,坩埚及内容物重(g)。

4. 重复性及允许误差

粗纤维含量<3%时,允许绝对误差为0.4%;粗纤维含量为3%~5%时,允许绝对误差为0.6%;粗纤维含量为5%~7%时,允许绝对误差为0.8%;粗纤维含量为7%~9%时,允许绝对误差为1.0%;粗纤维含量为9%~12%时,允许绝对误差为1.2%;粗纤维含量为12%~15%时,允许绝对误差为1.4%;粗纤维含量为15%时,允许绝对误差为1.6%。

四、注意事项

(1)试样粉碎并能完全通过筛孔为10 mm筛。

(2)在酸煮后和碱煮后冲洗至中性过程中,最好用热蒸馏水,易于过滤。

(3)灰化皿可用瓷坩埚代替。

(4)定量滤纸与定性滤纸的主要差异在于粗灰分的含量不同,定量滤纸粗灰分含量在0.01%,可忽略不计;而定性滤纸粗灰分含量为0.15%左右。

(5)粗纤维也可用纤维素测定仪进行测定,效果更佳。

五、思考题

(1)牧草中粗纤维是在什么规定条件下测定的?如果这些规定条件有变动,则所测得结果可否作为粗纤维含量?

(2)纤维素和木质素的营养价值有何不同?

(3)粗纤维中含有哪三种主要组成成分?以本法测得的粗纤维含量与饲草中实际的粗纤维含量是否一致?

实验六十　饲草中钙的测定

一、实验目的和意义

钙对畜禽生长有重要的作用,是一种必需的常量元素。饲草中钙含量测定是饲草品质检测中不可或缺的步骤。

通过本实验,学习和掌握高锰酸钾法测定钙含量的原理及方法,了解常见饲草的含钙量。

二、仪器和试剂

1. 仪器和用具

实验室用样品粉碎机或研钵、分样筛(孔径0.42 mm,40目)、电子分析天平(感量0.0001 g)、高温炉:可控温度在550 ℃±20 ℃、瓷质坩埚、容量瓶(100 mL)、酸式滴定管:25 mL或50 mL、玻璃漏斗(直径6 cm)、定量滤纸(中速,7~9 cm)、移液管(10 mL或20 mL)、烧杯(200 mL)、凯氏烧瓶(250 mL或500 mL)等。

2. 试剂和材料

试剂:

(1)硝酸(HNO_3)。

(2)盐酸(HCl)溶液:1∶3水溶液(V/V)。

(3)硫酸(H_2SO_4)溶液:1∶3水溶液(V/V)。

(4)氨水($NH_3·H_2O$)溶液:1∶1水溶液(V/V)。

(5)氨水($NH_3·H_2O$)溶液:1∶50水溶液(V/V)。

(6)42 $g·L^{-1}$草酸铵$[(NH_4)_2C_2O_4]$水溶液:称取4.2 g草酸铵溶于100 mL水中。

(7)高锰酸钾标准溶液:$c(1/5KMnO_4)=0.05 mol·L^{-1}$的配制按GB/T601规定。

(8)1 $g·L^{-1}$甲基红指示剂:称取0.1 g甲基红溶于100 mL 95%乙醇中。

材料:同实验五十六。

三、实验方法与步骤

1. 原理

本实验采用高锰酸钾法(仲裁法)测定饲草中钙的含量。高锰酸钾法是通过将试样中有机物破坏,钙变成溶于水的离子,用草酸铵定量沉淀,用高锰酸钾法间接测定钙含量的方法。主要反应式如下:

$CaO + 2HCl \rightarrow CaCl_2 + H_2O$;

$CaCl_2 + (NH_4)_2C_2O_4 \rightarrow CaC_2O_4 + 2NH_4Cl$;

$CaC_2O_4 + H_2SO_4 \rightarrow CaSO_4 + H_2C_2O_4$;

$5H_2C_2O_4 + 2KMnO_4 + 3H_2SO_4 \rightarrow 10CO_2\uparrow + 2MnSO_4 + K_2SO_4 + 8H_2O$。

2. 方法步骤

(1) 试样制备

取具有代表性试样至少 2 kg,用四分法缩至 250 g,粉碎,过 0.42 mm 孔筛,混匀,装入样品瓶中,密闭,保存备用。

(2) 试样的分解

称取试样 2~5 g(记为 m,精确至 0.0001 g)于坩埚中,在电炉上小心炭化,再放入高温炉,在 550 ℃ 条件下灼烧 3 h(或测粗灰分后继续进行),取出冷却,在盛灰坩埚中加入 1:3 盐酸溶液 10 mL 和浓硝酸数滴,小心煮沸,将此溶液转入 100 mL 容量瓶中,冷却至室温,用蒸馏水稀释至刻度,摇匀,为试样分解液。

(3) 试样的测定

① 草酸钙的沉淀

准确移取试样液 10~20 mL(含钙量 20 mg)于 200 mL 烧杯中,加蒸馏水 100 mL,甲基红指示剂 2 滴,滴加 1:1 氨水溶液使溶液由红色变橙色。加 1:3 盐酸溶液至溶液呈粉红色(pH 为 2.5~3.0),反复 2~3 次,小心煮沸,慢慢滴加热草酸铵溶液 10 mL,且不断搅拌。如溶液变橙色,则应补加 1:3 盐酸溶液使其呈粉红色。煮沸数分钟,放置过夜使沉淀陈化(或在水浴上加热 2 h)。

② 草酸钙沉淀的洗涤

检查沉淀是否完全:用玻璃棒取几滴上清液于表面皿上,加 1 滴稀氯化钙溶液,如出现白色沉淀,说明烧杯中有过剩的沉淀剂,证明沉淀完全;如果没有白色沉淀,需重复沉淀步骤。

用定量滤纸过滤,用 1:50 的氨水溶液洗沉淀 6~8 次,至无草酸根离子(接滤液数毫升,加 1:3 硫酸溶液数滴,加热至 80 ℃,再加高锰酸钾溶液 1 滴,呈微红色,且 30 s 不褪色)。

③ 滴定

将沉淀和滤纸转入原烧杯中,加 1:3 硫酸溶液 10 mL,蒸馏水 50 mL,加热至 75 ℃~80 ℃,立即用高锰酸钾标准溶液滴定,溶液呈粉红色且 30 s 不褪色为终点。

空白测定:在干净的烧杯中加滤纸一张,加 1:3 的硫酸溶液 10 mL,蒸馏水 50 mL,加热至 75 ℃~80 ℃,快速用高锰酸钾标准溶液滴定,溶液呈粉红色且 30 s 不褪色为终点。

3. 计算

$$Ca(\%) = \frac{(V - V_1) \times c \times 0.02}{m \times \frac{V_2}{100}} \times 100 = \frac{(V - V_1) \times c \times 200}{m}$$

式中:V——试样消耗高锰酸钾标准溶液的体积(mL);

V_1——空白消耗高锰酸钾标准溶液的体积(mL);

c——高锰酸钾标准溶液的浓度(mol·L^{-1});

V_2——滴定时移取试样分解液体积(mL);

m——试样质量(g);

0.02——与 1 mL 高锰酸钾标准溶液相当的以克表示的钙的质量。

4. 重复性及允许误差

钙含量 < 0.1 时, 允许绝对误差为 0.01%; 钙含量为 0.1%~0.3% 时, 允许绝对误差为 0.05%; 钙含量为 0.3%~0.5% 时, 允许绝对误差为 0.1%; 钙含量为 0.5%~1% 时, 允许绝对误差为 0.15%; 钙含量为 1%~2% 时, 允许绝对误差为 0.2%; 钙含量为 2%~3% 时, 允许绝对误差为 0.3%; 钙含量为 3%~4% 时, 允许绝对误差为 0.4%。

四、注意事项

(1)加入草酸铵时一定要慢,且不断搅拌,使形成的晶体较大,还要过夜使沉淀陈化。

(2)洗涤草酸钙沉淀时,必须沿滤纸边缘向下洗,使沉淀集中于滤纸中心,以免损失。每次洗涤过滤时,都必须待上次洗涤液完全滤净后再加,每次洗涤不得超过漏斗体积的2/3。

(3)Mn^{2+} 的存在对 $H_2C_2O_4$ 与 $KMnO_4$ 的反应有催化作用。在滴定过程中,$KMnO_4$ 溶液的滴加速度不宜过快。

(4)每种滤纸的空白值不同,消耗高锰酸钾溶液体积也不同。因此至少每盒滤纸应做一次空白溶液测定,滴定空白溶液时应包括滤纸在内。

(5)高锰酸钾溶液浓度不稳定,最好在 4 ℃冰箱内保存并应至少每月标定一次。

五、思考题

(1)溶液沉淀前为什么要加蒸馏水稀释?

(2)用草酸铵沉淀钙离子时,为什么要在酸性溶液中加入沉淀剂使草酸钙沉淀?

实验六十一　饲草中磷的测定

（A）钒钼黄吸光光度法

一、实验目的和意义

磷是饲草最基本的营养元素之一,也是畜禽生长必需的常量元素。测定饲草中磷的含量,对于评价饲草的营养价值有着重要的意义。

通过本实验,学习和掌握钒钼黄吸光光度法测定饲草中总磷含量的原理及方法,了解常见饲草的含磷量。

二、仪器和试剂

1. 仪器和用具

实验室用样品粉碎机或研钵、分样筛(孔径0.42 mm,40目)、分析天平(感量0.0001 g)、分光光度计、高温炉(可控温度在550 ℃±20 ℃)、瓷坩埚、容量瓶、刻度移液管、凯氏烧瓶等。

2. 试剂和材料

试剂：

(1) 硝酸(HNO_3)；

(2) 盐酸溶液(HCl)：1:1水溶液(V/V)；

(3) 钒钼酸铵显色剂：称取偏钒酸铵(NH_4VO_3)1.25 g,加蒸馏水200 mL加热溶解,冷却后再加入250 mL硝酸,另称取钼酸铵$[(NH_4)_6Mo_7O_{24}·4H_2O]$25 g,加水400 mL加热溶解,在冷却的条件下,将两种溶液混合,用蒸馏水定容至1000 mL,避光保存,若生成沉淀,则不能继续使用；

(4) 磷标准液：将磷酸二氢钾(KH_2PO_3)在105 ℃干燥1 h,在干燥器中冷却后称取0.2195 g溶解于蒸馏水,定量转入1000 mL容量瓶中,加硝酸3 mL,用蒸馏水稀释至刻度,摇匀,即为50 $\mu g·mL^{-1}$的磷标准液。

材料：同实验五十六。

三、实验方法与步骤

1. 原理

本实验采用钒钼黄吸光光度法测定饲草中磷的含量。饲草经灰化后,其含有的磷元素游离出来,在酸性溶液中,用钼酸铵处理,生成黄色的$[(NH_4)_3PO_4·NH_4VO_3·16MoO_3]$络合物,在波长420 nm下进行比色测定。

2. 方法步骤

(1) 试样制备

具有代表性试样至少2 kg,用四分法缩至250 g,粉碎过0.42 mm孔筛,混匀,装入样品瓶中,密闭,保存备用。

(2) 试样的分解

称取试样 2~5 g(记为 m,精确至 0.0001 g)于坩埚中,在电炉上小心炭化至无烟,再放入高温炉,在 550 ℃灼烧 3 h(或测粗灰分后继续进行),取出冷却,加入 1∶1 盐酸 10 mL 和硝酸数滴,小心煮沸约 10 min,冷却后转入 100 mL 容量瓶中,用水稀释至刻度,摇匀,即为试样分解液。

(3) 工作曲线的绘制

准确移取磷标准液(50 μg·mL^{-1})0,1,2,4,8,16 mL 分别置于 50 mL 容量瓶中,各加钒钼酸铵显色剂 10 mL,用蒸馏水稀释至刻度,摇匀,常温下放置 10 min 以上,以 0 mL 溶液为参比,用 1 cm 比色皿,在 420 nm 波长下用分光光度计测各溶液的吸光度。以磷含量为横坐标,吸光度为纵坐标,绘制工作曲线。

(4) 试样的测定

准确移取试样分解液 1~10 mL(含磷量 50~750 μg)于 50 mL 容量瓶中,加入钒钼酸铵显色剂 10 mL,用蒸馏水稀释到刻度,摇匀,常温下放置 10 min 以上,用 1 cm 比色皿在 420 nm 波长下测定试样分解液的吸光度,在工作曲线上查得试样分解液的磷含量。

3. 计算

$$P(\%) = \frac{m_1 \times V}{m \times V_1 \times 10^6} \times 100 = \frac{m_1 \times V}{m \times V_1 \times 10^4}$$

式中:m_1——由工作曲线查得试样分解液磷含量(μg);

　　　V——试样分解液的总体积(mL);

　　　m——试样的重量(g);

　　　V_1——试样测定时移取试样分解液体积(mL)。

4. **重复性及允许误差**

磷含量<0.1%时,允许绝对误差为 0.01%;磷含量为 0.1%~0.3%时,允许绝对误差为 0.05%;磷含量为 0.3%~0.5%时,允许绝对误差为 0.1%;磷含量为 0.5%~1%时,允许绝对误差为 0.15%;磷含量为 1%~2%时,允许绝对误差为 0.2%;磷含量为 2%~3%时,允许绝对误差为 0.3%;磷含量为 3%~4%时,允许绝对误差为 0.4%。

四、注意事项

(1) 本方法适合于含磷量较高的植物样品的测定。

(2) 钒钼酸铵显色试剂应避光保存,如生成沉淀则不能使用。

(3) 配制钒钼酸铵显色剂时,偏钒酸铵和钼酸铵皆不易溶。

(4) 钒钼酸铵显色剂用完需再配制时,标准曲线应重新绘制。

(5) 标准曲线通常选择 5 个较合适的浓度,标准曲线的 R^2 应大于 0.999。

(6) 试样的吸光度值不得超出标准曲线的范围,待测溶液中磷含量最好控制在每毫升含磷 0.5 mg 以下。

(7) 待测溶液在加入显色剂后需要静置 10 min,再进行比色,但也不能静置过久。

五、思考题

(1)待测溶液在加入显色剂后需要静置10 min,再进行比色,为什么?
(2)经灰化的样本液如果出现浑浊,是否会影响磷的比色结果?
(3)用分光光度计测吸光度时,如果比色皿中有气泡对结果有什么影响?

(B) 钼锑抗吸光光度法

一、实验目的和意义

磷是饲草最基本的营养元素之一,也是畜禽生长必需的常量元素。测定饲草中磷的含量,对于评价饲草的营养价值有着重要的意义。

通过本实验,学习和掌握钼锑抗吸光光度法测定饲草中总磷含量的原理及方法,了解常见饲草的含磷量。

二、仪器和试剂

1. 仪器和用具

同钒钼黄吸光光度法。

2. 试剂和材料

试剂:

(1)硝酸(HNO_3)。

(2)盐酸溶液(HCl):1∶1水溶液(V/V)。

(3)6 $mol·L^{-1}$氢氧化钠(NaOH)溶液:24 g氢氧化钠溶于蒸馏水,稀释至100 mL。

(4)2 $g·L^{-1}$二硝基酚指示剂:0.2 g 2,6-二硝基酚或2,4-二硝基酚溶于100 mL水中。

(5)2 $mol·L^{-1}$硫酸(H_2SO_4)溶液:5.6 mL浓硫酸加蒸馏水至100 mL。

(6)钼锑贮存液:浓硫酸126 mL缓慢注入约400 mL蒸馏水中,10 g钼酸铵[$(NH_4)_6Mo_7O_{24}·4H_2O$]溶解于约60 ℃的300 mL蒸馏水中,冷却。然后将硫酸溶液缓缓倒入钼酸铵溶液中,再加入100 mL 0.5%酒石酸锑钾($KSbOC_4O_6·1/2H_2O$)溶液,最后用水稀释至1 L,避光贮存。此贮存液含钼酸铵为1%,酸浓度为$c(1/2 H_2SO_4)=4.5$ $mol·L^{-1}$。

(7)钼锑抗显色剂:1.5 g抗坏血酸($C_6H_8O_6$,左旋旋光度+21~+22)溶于100 mL钼锑贮存液中,此液须随配随用,有效期一天,冰箱中存放,可用3~5 d。

(8)5 $mg·L^{-1}$磷标准液:将磷酸二氢钾(KH_2PO_4)在105 ℃条件下干燥1 h,在干燥器中冷却后称取约0.2 g(精确至0.0001 g)溶解于蒸馏水,定量转入1000 mL容量瓶中,加硝酸3 mL,用蒸馏水稀释至刻度,摇匀,即为50 $\mu g·mL^{-1}$的磷标准液。吸取50 $\mu g·mL^{-1}$磷标准贮存液稀释10倍,即为5 $mg·L^{-1}$磷标准溶液,此溶液不宜久存。

材料:同实验五十六。

三、实验方法与步骤

1. 原理

本实验采用钼锑抗吸光光度法测定。饲草经灰化后,其含有的磷元素成为各种金属的磷酸盐。在一定酸度下,磷酸根与钼酸铵和酒石酸锑钾生成锑磷钼混合杂多酸,它在室温下能迅速被抗坏血酸还原为蓝色络合物,其蓝色的深浅在一定浓度范围内与溶液中磷的含量呈正比例,可通过比色测定。

2. 方法步骤

(1) 试样制备

同钒钼黄吸光光度法。

(2) 试样的分解

称取试样 2~5 g(记为 m,精确至 0.0001 g)于坩埚中,在电炉上小心炭化,再放入高温炉,在 550 ℃ 条件下灼烧 3 h(或测粗灰分后继续进行),取出冷却,加入 1∶1 盐酸 10 mL 和硝酸数滴,小心煮沸约 10 min,冷却后转入 100 mL 容量瓶中,用蒸馏水稀释至刻度,摇匀,为试样分解液。

(3) 绘制工作曲线

准确吸取 5 mg·L^{-1} 磷标准工作溶液 0,1,2,4,6,8,10 mL 分别放入 50 mL 容量瓶中,加蒸馏水至 30 mL,加 1~2 滴二硝基酚指示剂,滴加 6 mol·L^{-1} 氢氧化钠溶液中和至刚呈黄色,再加入 1 滴 2 mol·L^{-1} 硫酸溶液,使溶液的黄色刚刚褪去,然后加入钼锑抗显色剂 5 mL,摇匀,用蒸馏水定容。在室温高于 15 ℃ 的条件下放置 30 min 后,以 0 mL 溶液为参比,用 1 cm 光径比色槽在波长 700 nm 处测定吸光度。以磷含量为横坐标,吸光度为纵坐标,绘制工作曲线。

(4) 试样的测定

准确移取试样分解液 2~5 mL(含磷 5~30 μg)于 50 mL 容量瓶中,用水稀释至约 30 mL,同上步骤测定试样分解液的吸光度,在工作曲线上查得试样分解液的磷含量。

3. 计算

$$P(\%) = \frac{m_1 \times V}{m \times V_1 \times 10^6} \times 100 = \frac{m_1 \times V}{m \times V_1 \times 10^4}$$

式中:m_1——由工作曲线查得试样分解液磷含量(μg);

V——试样分解液的总体积(mL);

m——试样的质量(g);

V_1——试样测定时移取试样分解液体积(mL)。

4. 重复性及允许误差

同钒钼黄吸光光度法。

四、注意事项

(1) 本方法适合于含磷量较低的饲草样品的测定。

(2) 钼锑抗显色剂用完需再配制时,标准曲线应重新绘制。

(3) 标准曲线通常选择 5 个较合适的浓度,标准曲线的 R^2 应大于 0.999。

(4) 室温低于 13 ℃ 时,可在 20 ℃~30 ℃ 水浴中,显色 30 min。

(5) 比色皿用后应以稀硝酸或铬酸洗液浸泡片刻,以除去吸附的磷钼蓝显色物。

五、思考题

(1) 测磷时形成"钼蓝"的溶液需静置30 min后再比色,为什么?

(2) 经灰化的样本液如果出现浑浊,是否会影响磷的比色结果?

(3) 用分光光度计测吸光度时,如果比色皿中有气泡对结果有什么影响?

(4) 试比较钒钼黄吸光光度法和钼锑抗吸光光度法的优缺点。

实验六十二　饲草中无氮浸出物的计算

一、实验目的和意义

无氮浸出物（Nitrogen-free-extract，NFE）主要指淀粉、葡萄糖、果糖、蔗糖、糊精、五碳糖胶、有机酸、糊精和不属于纤维素的其他碳水化合物。无氮浸出物的成分比较复杂，在常规饲草分析法中不直接单独测定，而是根据相差计算法来求得的。通过本实验，根据饲草分析结果，学习计算饲草无氮浸出物的含量。

二、计算

样本中无氮浸出物% = 100% − （吸附水% + 粗蛋白质% + 粗脂肪% + 粗纤维% + 粗灰分%）
　　　　　　　　= 干物质% − （粗蛋白质% + 粗脂肪% + 粗纤维% + 粗灰分%）

三、思考题

(1) 计算无氮浸出物含量时，牧草中钙和磷的含量是否要计算在内？为什么？

(2) 无氮浸出物中包括哪些成分？

实验六十三　饲草总能的测定

一、实验目的和意义

饲草的燃烧热即饲草所含总能(GE)，是饲草在燃烧过程中完全氧化成终产物(CO_2、H_2O及其他气体)所释放的热能。

总能的测定是评定饲草能量价值的基本手段。通过本实验了解燃烧热的测定原理和具体操作步骤。

二、仪器和试剂

1. 仪器和用具

实验室用样品粉碎机、压样机、绝热型氧弹热量计、氧气钢瓶、坩埚、引火丝、贝克曼温度计等。

2. 试剂和材料

试剂：苯甲酸(C_6H_5COOH)、蒸馏水。

材料：同实验五十六。

三、实验方法与步骤

1. 原理

单位质量物质的燃烧热为该物质的热价，单位为$kJ·g^{-1}$。将饲草在氧弹内进行完全燃烧，燃烧所产生的热量被氧弹周围已知质量的蒸馏水及热量计整个体系吸收，并由贝克曼温度计读出水温上升的度数。该上升的温度乘以热量计体系和水的热容量之和，即可得出试样的燃烧热。

2. 方法步骤

（1）准备工作

①样品的准备：风干的饲草样品用四分法缩减至200 g，经粉碎，过40目筛，用压样机压成0.5~1.0 g的小片。取0.5~1.0 g样品置于干燥洁净的坩埚中称重（记为m，精确至0.0001 g）。

②引火丝的准备：量取10 cm的引火丝数根，然后称量求其平均值。将盛有样品的坩埚置于弹头的坩埚支架上，将引火丝固定在两个电极之上。

③加水及充氧：向氧弹底部加10 mL水，把电极装入氧弹内，套上垫圈，旋紧弹帽，经减压阀慢慢向氧弹内充氧气至0.5 MPa，使空气排尽，再充压至2.0 MPa。

④内外水套的准备及热量计的安装：将准备好的2000 g纯水（室温）注入内套筒中，主机的外套应充满水，调节外套温度并控制到适当位置，使其温度高于内套水温0.5 ℃~0.7 ℃。一般情况下冬季设定室温18 ℃~19 ℃，夏季设定室温20 ℃~25 ℃。

氧弹应放在内筒的合适位置，勿使搅拌器的叶子与内筒或氧弹接触。然后插上电极鞘，盖上盖子，调节贝克曼温度计。

(2) 测定工作

接通电源开关,开动搅拌器,开始进行测定。

①燃烧前期:是热量计与外界环境热交换的平衡期。搅拌器开动3~5 min后,等水温均匀后开始记录温度,每分钟1次,当温度接近恒定时,连续3次温差不超过0.001 ℃,最后一次读温即为初始温度。

②燃烧期:点火,样品开始燃烧,产生的热经氧弹壁迅速传至周围的水中,水温上升,此时应30 s读温一次。直至温度不再上升为止,燃烧即将结束。

③燃烧后期:燃烧结束即为末期的开始,首先将计时装置拨至1 min处,待温度稳定后开始读数,连续3次温差不超过0.001 ℃时为止。

(3) 结束工作

测定结束后,停止搅拌,关闭电源,小心取下贝克曼温度计,擦干后放好,然后打开盖子,拔去电极鞘,从内筒取出氧弹。

把取出的氧弹排气阀打开,慢慢放出废气。旋开氧弹帽,取出电极头。从弹头电极上小心取下未燃烧完的引火丝,拉直测量其剩余长度或质量。

用洗瓶冲洗氧弹体内壁、弹盖内面、电极柱和坩埚,准备测定下一个样品。

3. 计算

(1) 饲草样品的燃烧热或总能按下式计算

$$E = \frac{K \times (T - T_0) - g \times m}{m} \times 100\%$$

式中:E——饲料样品的总能($kJ \cdot g^{-1}$);

m——试样质量(g);

K——热量计的水当量(MJ/℃);

g——引火丝质量(g);

T——末期最终温度(℃);

T_0——初期最终温度(℃)。

(2) 热量计的水当量

为了计算方便,用相当于水的质量(g)来表示仪器的热容量,即使仪器体系温度上升1 ℃所需的热量,能使多少克水温度上升1 ℃,故又称水当量。热量计的水当量测定方法与测定饲草燃烧热的方法相同,只是用一定质量的已知热价的纯有机化合物来替代试样,如用苯甲酸、蔗糖等。水当量测定结果不少于5次,且每次测定值不超过平均值的±0.1%。

热量计的热容量(以水当量计算)按下式计算

$$K = \frac{Q \times a + g \times b}{T - T_0}$$

式中:K——热量计的水当量(MJ/℃);

Q——苯甲酸标准热值26.46($kJ \cdot g^{-1}$);

a——苯甲酸质量(g);

g ——引火丝质量(g);

b ——引火丝热值(kJ·g^{-1});

T ——末期最终温度(℃);

T_0 ——初期最终温度(℃)。

(3)饲草能量消化率的计算

$$D(\%) = \frac{Q_1 \times m_1 - Q_2 \times m_2}{Q_1 \times m_1}$$

式中:D ——饲草能量消化率;

Q_1 ——每克饲草所含热能(kJ·g^{-1});

m_1 ——消化试验食入饲草质量(g);

Q_2 ——每克粪样所含热能(kJ·g^{-1});

m_2 ——消化试验时总排粪质量(g)。

4. 重复性及允许误差

对同一试样取两份进行平行测定,取两次测定的算术平均值作为测定结果。允许相对偏差≤0.13 kJ·g^{-1}。

四、注意事项

(1)氧弹和内筒均系金属铸造,注意保护各抛光面,防止划痕变形,否则影响测定结果的准确度。

(2)不得将粉碎试样直接加入坩埚中,防止充氧时将样品吹出坩埚。

五、思考题

(1)饲草总能测定的意义?

(2)氧弹式热量计测定总能的原理?

参考文献:

[1] 张丽英主编. 饲料分析及饲料质量检测技术. 北京:中国农业大学出版社,2002

[2] 鲍士丹主编. 土壤农化分析. 北京:中国农业出版社,2005

[3] 农业行业标准出版中心. 最新中国农业行业标准. 北京:中国农业出版社,2011

[4] 陈喜斌主编. 饲料学. 北京:科学出版社,2003

[5] 张子仪主编. 中国饲料学. 北京:中国农业出版社,2000

[6] 彭健主编. 饲料分析与检测技术. 北京:科学出版社,2008

[7] 杨胜主编. 饲料分析及饲料质量检测技术. 北京:中国农业大学出版社,1993

[8] 夏玉宇等主编. 饲料质量分析检验. 北京:化学工业出版社,1994

[9] 姜懋武主编. 饲料原料简易检测与掺假识别. 沈阳:辽宁科学技术出版社,1998

附 录

国家草品种区域试验实施方案

（摘录自全国畜牧兽医总站文件[牧站（草）〔2012〕62号]附件）

附录一

2012年白三叶品种区域试验实施方案

1 试验目的

客观、公正、科学地评价白三叶参试品种（系）的产量、适应性和品质特性等综合性状，为国家草品种审定和推广提供科学依据。

2 试验安排及参试品种

    2.1 试验区域与试验点

    略

    2.2 参试品种（系）

    略

3 试验设置

    3.1 试验地的选择

试验地应尽可能代表所在试验区的气候、土壤和栽培条件等。选择地势平整、土壤肥力中等且均匀、前茬作物一致、无严重土传病害、具有良好排灌条件（雨季无积水）、四周无高大建筑物或树木影响的地块。

    3.2 试验设计

3.2.1 试验组

参试的5个白三叶品种（系）设为1个试验组。

3.2.2 试验周期

2012年起，不少于3个生产周年（观测至2015年底）。

3.2.3 小区面积

试验小区面积为 15 m²(长 5 m×宽 3 m)。

3.2.4 小区设置

采用随机区组设计,4 次重复,同一区组应放在同一地块,试验点整个试验地四周设 1 m 保护行(可参见随机区组试验设计小区布置参考图)。

4 播种和田间管理

4.1 一般原则

田间操作时,同一项技术措施应在同一天完成。同项技术措施无法在同一天完成时,同一区组的该项措施必须在同一天完成。

4.2 试验地准备

播种前应对试验地的土质和肥力状况进行调查分析,种床要求精耕细作。

4.3 播种期

根据当地气候条件及生产习惯适时播种,一般为夏末秋初播种。

4.4 播种方法

条播,行距 20 cm,每个小区播种 15 行。播深 1 cm,播后浅覆土,镇压。

4.5 播种量

播种量 12 g/小区(0.53 kg/亩,种子用价 > 80%)。

4.6 田间管理

田间管理水平略高于当地大田生产水平,及时查苗补种或补苗、防除杂草、施肥、排灌并防治病虫害(抗病虫性鉴定的除外),保证满足正常生长发育的水肥需要。定期去除小区间爬出的匍匐枝(每年 2~3 次)。

4.6.1 查苗补种

尽可能 1 次播种保全苗,如出现明显的缺苗,应尽快补播。

4.6.2 杂草防除

可人工除草或选用适当的除草剂,以保证试验材料的正常生长。

4.6.3 施肥

根据试验地土壤肥力状况,可适当施用底肥、追肥,以满足参试品种中等偏上的肥力要求。可根据当地实际情况播前施过磷酸钙 1500 g/小区,生长期可适当追施钾肥。

4.6.4 水分管理

根据天气和土壤水分含量,适时适量浇水,浇水原则为少浇深浇,保证每小区均匀灌溉。遇雨水过量应及时排涝。

4.6.5 病虫害防治

以防为主,生长期间根据田间虫害和病害的发生情况,选择高效低毒的药剂适期防治。

5 产草量的测定

产草量包括第一次刈割的产量和再生草产量。自然高度达到 30 cm 时进行刈割测产。

如生长速度差异较大,以生长速度居中的品种自然高度达到30 cm全部测产。当年最后一次测产应在初霜前30 d进行。刈割留茬高度3 cm。由于白三叶匍匐生长,镰刀等工具割草难度大且误差很大,建议配备(或借用)带集草袋的小型割草机或草坪修剪车割草。测产时先割去试验小区两侧边行,再将余下的13行留足中间4 m,然后割去两头,并移出小区(本部分不计入产量),将余下部分10.4 m² 刈割测产,按实际面积计算产量。如个别小区有缺苗等特殊情况,本小区的测产面积不得少于4 m²。要求用感量0.1 kg的秤称重,记载数据时须保留2位小数。产草量测定结果记入表A.3。

6 取样

6.1 干重

每次刈割测产后,从每小区随机取3~5把草样,将4个重复的草样混合均匀,取约1000 g的样品,剪成3~4 cm长,编号称重,然后在干燥气候条件下,用布袋或尼龙纱袋装好,挂置于通风遮雨处晾干至两次称重之差不超过2.5 g;在潮湿气候条件下,置于烘箱中,在60 ℃~65 ℃烘干12 h,取出放置室内冷却回潮24 h后称重,然后再放入烘箱在60 ℃~65 ℃下烘干8 h时,取出放置室内冷却回潮24 h后称重,直至两次称重之差不超过2.5 g为止。计算各参试品种(系)的干草产量和干鲜比,测定结果记入表A.3和A.4。

6.2 品质

略

7 观测记载项目

按附录A和B的要求进行田间观察,并记载当日所做的田间工作,整理填写入表。

8 数据整理

各承试单位负责其测试站点内所有测试数据的统计分析,干草产量用新复极差法进行多重比较。

9 总结报告

略

10 试验报废

各承试单位有下列情形之一的,该点区域试验作全部或部分报废处理。

(1)因不可抗拒因素(如自然灾害等)造成试验不能正常进行。

(2)同品种缺苗率超过15%的小区有2个或2个以上。

(3)误差变异系数超过20%。

(4)其他严重影响试验科学性的情况。

附录二

2012年多花黑麦草品种区域试验实施方案

1 试验目的

客观、公正、科学地评价多花黑麦草参试品种(系)的产量、适应性和品质特性等综合性状,为国家草品种审定和推广提供科学依据。

2 试验安排及参试品种

2.1 试验区域及试验点

略

2.2 参试品种(系)

略

3 试验设置

3.1 试验地的选择

试验地应尽可能代表所在试验区的气候、土壤和栽培条件等。选择地势平整、土壤肥力中等且均匀、前茬作物一致、无严重土传病害、具有良好排灌条件(雨季无积水)、四周无高大建筑物或树木影响的地块。

3.2 试验设计

3.2.1 试验组

参试的5个多花黑麦草品种(系)设为1个试验组。

3.2.2 试验周期

2011年起,试验不少于2个生产周期。

3.2.3 小区面积

小区面积15 m^2(长5 m×宽3 m)。

3.2.4 小区设置

采用随机区组设计,4次重复,同一区组应放在同一地块,试验地四周设1m保护行(参见小区随机区组设计示意图)。

4 播种和田间管理

4.1 一般原则

田间操作时,同一项技术措施应在同一天完成。同项技术措施无法在同一天完成时,则同一区组的该项措施必须在同一天完成。

4.2 试验地准备

播种前应对试验地的土质和肥力状况进行调查分析,种床要求精耕细作。

4.3 播种期

秋季(9~10月份)播种。

4.4 播种方法

条播,行距30 cm,每小区10行,播种深度1~2 cm,在此范围内沙性土壤的播种深度稍深,粘性土壤的播种深度稍浅。

4.5 播种量

播种量30 g/小区(1.3 kg/亩,种子用价>80%)。

4.6 田间管理

管理水平略高于当地大田生产水平,及时查苗补缺、防除杂草、施肥、排灌并防治病虫害(抗病虫性鉴定的除外),以满足参试品种(系)正常生长发育的水肥需要。

4.6.1 补播

尽可能1次播种保全苗,如出现明显的缺苗,应尽快补播。

4.6.2 杂草防除

可选用适当的除草剂或人工除草,以保证试验材料的正常生长。

4.6.3 施肥

根据试验地土壤肥力状况,可适当施用底肥、追肥,满足参试草种中等偏上的需肥要求。

氮肥推荐用量为分蘖期和每次刈割后,每小区追施160 g的尿素;磷肥全部用作种肥,每小区施重过磷酸钙260 g;根据土壤条件和植物生长状况,确定是否需要追施钾肥。

4.6.4 水分管理

根据天气和土壤水分含量,适时适量浇水,浇水原则为少浇深浇,保证每小区均匀灌溉。遇雨水过量应及时排涝。

4.6.5 病虫害防治

以防为主,生长期间根据田间虫害和病害的发生情况,选择低毒高效的药剂适时防治。

5 产草量的测定

产草量包括第一次刈割的产量和再生草产量。第一次绝对株高40 cm时刈割测产,以后各茬在绝对株高50 cm时刈割,留茬高度4 cm。测产时先去掉小区两侧边行,再将余下的8行留中间4 m,然后去掉两头,实测所留9.6 m²的鲜草产量。个别小区如有缺苗等特殊情况,该小区的测产面积至少4 m²。要求用感量0.1 kg的秤称重,记载数据时须保留一位小数。产草量测定结果记入表A.3。

6 取样

6.1 干重

每次刈割测产后,从每小区随机取3~5把草样,将4个重复的草样混合均匀,取约1000 g的样品,剪成3~4 cm长,编号称重,然后在干燥气候条件下,用布袋或尼龙纱袋装好,挂置于通风遮雨处晾干至两次称重之差不超过2.5 g;在潮湿气候条件下,置于烘箱中,在60 ℃~65 ℃烘干12 h,取出放置室内冷却回潮24 h后称重,然后再放入烘箱在60 ℃~65 ℃下烘干8 h,

取出放置室内冷却回潮 24 h 后称重,直至两次称重之差不超过 2.5 g 为止。计算各参试品种(系)的干草产量和干鲜比,测定结果记入表 A.3 和 A.4。

6.2 品质

略

7 观测记载项目

按附录 A 的要求进行田间观察,并记载当日所做的田间工作,整理填写入表。

8 数据整理

各承试单位负责对其试验点内的数据进行统计分析,并用新复极差法对干草产量进行多重比较。

9 总结报告

略

10 试验报废

各承试单位有下列情形之一的,该点区域试验作全部或部分报废处理。

(1)因不可抗拒因素(如自然灾害等)造成试验不能正常进行。

(2)同品种缺苗率超过 15% 的小区有 2 个或 2 个以上。

(3)其他严重影响试验科学性的情况。

试验期间,因以上原因造成试验报废的,承试单位应及时通过省级草原技术推广部门向全国畜牧总站提供详细的书面报告。

附录三

2012年象草品种区域试验实施方案

1 试验目的

客观、公正、科学地评价象草参试品种(系)的产量、适应性和品质特性等综合性状,为国家草品种审定和推广提供科学依据。

2 试验安排及参试品种

2.1 试验区域及试验点

略

2.2 参试品种(系)

略

3 试验设置

3.1 试验地的选择

试验地应尽可能代表所在试验区的气候、土壤和栽培条件等。选择地势平整、土壤肥力中等且均匀、前茬作物一致、无严重土传病害、具有良好排灌条件(雨季无积水)、四周无高大建筑物或树木影响的地块。

3.2 试验设计

3.2.1 试验组

略

3.2.2 试验周期

2012年起,试验不少于3个生产周年。

3.2.3 小区面积

小区面积28.8 m^2(长6 m×宽4.8 m)。

3.2.4 小区设置

采用随机区组设计,4次重复,同一区组应放在同一地块,试验地四周设1 m保护行(参见小区随机区组设计示意图)。

4 播种和田间管理

4.1 一般原则

田间操作时,同一项技术措施应在同一天完成。同项技术措施无法在同一天完成时,则同一区组的该项措施必须在同一天完成。

4.2 试验地准备

宜选择在土层深厚、疏松肥沃、水分充足、排水良好的土壤种植,整地宜深耕,一犁一耙,深度25~30 cm,起畦,长6 m,宽4.8 m。

4.3 播种期

以 4~6 月份种植最佳。平均气温 15 ℃时即可种植。

4.4 选种及种茎处理

选粗壮无病无损伤的成熟茎作种茎,将种茎砍成两节一段,即每段含有效芽 2 个,断口斜砍成 45°,尽量平整,减少损伤。剩余种茎另选地种植,用作补苗。

4.5 播种方法及播种量

按行距 40 cm(每小区 12 行)、深 10 cm 开沟,按株距 30 cm(每行 20 株)将种茎芽尖向上斜插入沟,覆薄土 3~4 cm,露顶 1~2 cm,压实,浇定根水。每小区用种茎约 240 段。播种时如遇干旱(半月以上),需将种茎平摆于沟中种植。

播种前先施基肥,施人畜粪 130 kg/小区或复合肥 9 kg/小区作基肥。

4.6 田间管理

种植后如缺苗,要及时补栽。封行前或种植次年 3~4 月结合中耕除草施肥和灌溉一次(天气干旱时),可追施尿素 0.65 kg/小区、钙镁磷肥 0.5 kg/小区、氯化钾 0.2 kg/小区,以后每次刈割利用后追施尿素 0.65 kg/小区,并除杂和灌溉各 1 次。

4.7 病虫害防治

象草地易遭鼠害,宜铲除种茎田四周杂草,如发现鼠害,应及时采取有效灭鼠措施。

5 产草量的测定

产草量包括第一次刈割的产量和再生草产量。株高 90 cm 时刈割测产,留茬高度 5 cm。如果品种间生长速度差异大,以生长速度居中的品种为标准,在其高度达到 90 cm 时,所有品种同时刈割。测产时先去掉小区两侧边行及两端各一列,再将余下的 10 行留中间 5.4 m,然后去掉两头,实测所留 21.6 m² 的鲜草产量。个别小区如有缺苗等特殊情况,该小区的测产面积至少 4 m²。要求用感量 0.1 kg 的秤称重,记载数据时须保留两位小数。产草量测定结果记入表 A.3。

6 取样

6.1 干重

每次刈割测产后,从每小区随机取 2~3 株,剪成 3~4 cm 长,将 3 个或 4 个重复的草样混合均匀,取约 1000 g 的样品,编号称重,然后在干燥气候条件下,用布袋或尼龙纱袋装好,挂置于通风遮雨处晾干至两次称重之差不超过 2.5 g;在潮湿气候条件下,置于烘箱中,在 60 ℃~65 ℃烘干 12 h,取出放置室内冷却回潮 24 h 后称重,然后再放入烘箱在 60 ℃~65 ℃下烘干 8 h,取出放置室内冷却回潮 24 h 后称重,直至两次称重之差不超过 2.5 g 为止。计算各参试品种(系)的干草产量和干鲜比,测定结果记入表 A.3 和 A.4 中。

6.2 品质

略

7 观测记载项目

按附录 A 的要求进行田间观察,并记载当日所做的田间工作,整理填写入表。

8 数据整理

各承试单位负责对其试验点内的数据进行统计分析,并用新复极差法对干草产量进行多重比较。

9 总结报告

略

10 试验报废

各承试单位有下列情形之一的,该点区域试验作全部或部分报废处理。

(1)因不可抗拒因素(如自然灾害等)造成试验不能正常进行。

(2)同品种缺苗率超过15%的小区有2个或2个以上。

(3)其他严重影响试验科学性的情况。

试验期间,因以上原因造成试验报废的,承试单位应及时通过省级草原技术推广部门向全国畜牧总站提供详细的书面报告。

附录四

豆科牧草观测项目与记载标准

A1 基本情况的记载内容

为了准确掌握试验情况,凡有关试验的基本情况都应详细记载,以保证试验结果的准确和供分析时参考。

A1.1 试验地概况

试验地概况主要包括:地理位置、海拔、地形、坡度、坡向、土壤类型、土壤pH值、土壤养分(有机质、速效N、P、K)、地下水位、前茬、底肥及整地情况。

A1.2 气象资料的记载内容

记载内容主要包括:试验点多年及当年的年降水、年均温、最热月均温、最冷月均温、极端最高最低温度、无霜期、初霜日、终霜日、年积温(≥ 0 ℃)、年有效积温(≥ 10 ℃)以及灾害天气等。

A1.3 播种情况

播种时气温、播期或移栽期、播种方法、株行距、播种量、播种深度、播种前后是否镇压等。

A1.4 田间管理

包括:查苗、补种、中耕、锄草、灌溉、施肥、病虫害防治等。

A2 田间观测记载项目和标准

田间观测记载项目及内容按表A.1。

A2.1 田间观测记载项目说明

A2.1.1 出苗期(返青期)

50% 幼苗出土后为出苗期;50% 的植株返青为返青期。

A2.1.2 分枝期

50% 植株长出侧枝1 cm以上为分枝期。

A2.1.3 现蕾期

50% 植株有花蕾出现为现蕾期。

A2.1.4 开花期

10% 植株开花为初花期,80% 植株开花为盛花期。

A2.1.5 结荚期

50% 植株有荚果出现为结荚期。

A2.1.6 成熟期

60% 植株种子成熟为成熟期。

A2.1.7 株高

刈割前每小区随机取10株,测量从地面至植株的最高部位的绝对高度,求其平均值。内容记载在表A.2中。

A2.1.8 生育天数

由出苗(返青)至种子成熟的天数。

A2.1.9 枯黄期

50%的植株枯黄时为枯黄期。

A2.1.10 生长天数

由出苗(返青)至枯黄期的天数。

A2.1.11 越冬(夏)率

在每小区中选择有代表性的样段3处,每样段长1 m,做好标记。在越冬(夏)前及第二年返青(或夏季越夏)后分别统计样段中植株总数及返青数,计算越冬(夏)率。

$$越冬(夏)率 = \frac{返青株数}{样段内植株总数} \times 100\%$$

A3 叶茎比的测定

第一次刈割测产后,随机从每小区取3~5把草样,将4个重复的草样混合均匀,取约1000 g,将茎、叶(含花序)两部分分开,风干或烘干后求其占叶茎总重的百分率。叶应包括叶片、叶柄及托叶三部分。叶茎比测定结果记入表A.5。

表A.1 豆科牧草田间观测记载表

试验点名称：_____　　草种名称：_____　　试验年度：_____　　观测人：_____

小区编号	参试品种(系)编号	播种期	出苗期(返青期)	分枝期	现蕾期	现蕾期株高(cm)	开花期 初花	开花期 盛花	开花初期株高(cm)	结荚期	成熟期	成熟期株高(cm)	生育天数(d)	枯黄期	生长天数(d)	越冬率(越夏)(%)	备注

备注：(1)日期记载格式为：年/月/日。(2)刈割后的物候期观测一般不再记载，有特殊要求的除外。(3)抗逆性和抗病虫性：一般要求的，可根据小区内发生的冻害、旱害、病虫害、倒伏等具体情况目测观测记载；特殊要求鉴定某一抗性性状的，由全国草品种审定委员会指定的专业机构承担。

表 A.2 株高观测记载表

试验点名称：_____ 草种名称：_____ 观测日期：___年___月___日 生育期：_____ 刈割茬数：_____ 观测人：_____

小区编号	参试品种(系)编号	测定值(cm)										平均值(cm)
		1	2	3	4	5	6	7	8	9	10	

表 A.3 产草量登记表

试验点名称：_____ 草种名称：_____ 试验年度：_____ 观测人：_____

小区编号	参试品种（系）编号	第一次刈割							第二次刈割							年累计产量 (kg/100 m²)	
		测产日期	生育期	高度 (cm)	计产面积 (m²)	鲜草重 (kg)	干鲜比* (%)	干草重 (kg)	测产日期	生育期	高度 (cm)	计产面积 (m²)	鲜草重 (kg)	干鲜比* (%)	干草重 (kg)	鲜草	干草

注：(1) 测产日期记载格式为：年/日/月；(2) 刈割次数超过2次者可续表填写；(3) *表干鲜比为干草重占鲜草重的百分率，以%表示。

表 A.4 干鲜比测定表

试验点名称：_____　　草种名称：_____

测定日期：___年___月___日　　测定人：_____

参试品种(系)编号	刈割茬次	样品鲜重(g)	样品风干重(g)	干鲜比(％)

注：干鲜比为样品风干重占鲜重的百分率，以％表示。

表 A.5 叶茎比测定登记表

试验点名称：_____　　　草种名称：_____

测定日期：____年____月____日　　　测定人：_____

参试品种(系)编号	叶茎总重(风干)(g)	叶(风干)		茎(风干)	
		重量(g)	占叶茎总重(%)	重量(g)	占叶茎总重(%)

表 A.6 _____年度_____试验点____牧草各区组年累计干草产量汇总表

试验点名称:_____ 草种名称:_____ 统 计 人:_____

单位:kg/100 m²

品种编号	区组1	区组2	区组3	区组4

注:年累计干草产量数据精确到两位小数。

表 A.7 _____年度_____试验点____牧草每次刈割及年累计干草产量汇总表

试验点名称:_____ 草种名称:_____ 统 计 人:_____

单位:kg/100 m²

品种编号	第一茬	第二茬	第三茬	第四茬	第五茬	年累计

注:每个品种各茬次产量为4个重复的平均值。

表 A.8 种子产量登记表

试验点名称:_____ 草种名称:_____ 实验年度:_____

测产日期:_____ 观 测 人:_____

小区编号	参试品种(系)编号	计产面积(㎡)	种子重量(kg)

附录五

禾本科牧草观测项目与记载标准

A1 基本情况的记载内容

为了准确掌握试验情况,凡有关试验的基本情况都应详细记载,以保证试验结果的准确和供分析时参考。

A1.1 试验地概况

试验地概况主要包括:地理位置、海拔、地形、坡度、坡向、土壤类型、土壤pH值、土壤养分(有机质、速效N、P、K)、地下水位、前茬、底肥及整地情况。

A1.2 气象资料的记载内容

记载内容主要包括:试验点多年及当年的年降水、年均温、最热月均温、最冷月均温、极端最高最低温度、无霜期、初霜日、终霜日、年积温(≥ 0 ℃)、年有效积温(≥ 10 ℃)以及灾害天气等。

A1.3 播种情况

播种时气温、播期或移栽期、播种方法、株行距、播种量、播种深度、播种前后是否镇压等。

A1.4 田间管理

包括:查苗、补种、中耕、锄草、灌溉、施肥、病虫害防治等。

A2 田间观测记载项目和标准

田间观测记载项目及内容按表A.1。

A2.1 田间观测记载项目说明

A2.1.1 出苗期(返青期)

50%幼苗出土为出苗期,50%的植株返青为返青期。

A2.1.2 分蘖期

有50%的幼苗在茎的基部茎节上生长侧芽1 cm以上为分蘖期。

A2.1.3 拔节期

50%植株的第一个节露出地面1~2 cm为拔节期。

A2.1.4 孕穗期

50%植株出现剑叶为孕穗期。

A2.1.5 抽穗期

50%植株的穗顶由上部叶鞘伸出而显露于外时为抽穗期。

A2.1.6 开花期

50%的植株开花为开花期。

A2.1.7 成熟期

成熟期是指80%以上的种子成熟。成熟期分为三个时期,即乳熟期、蜡熟期和完熟期。乳熟期是指50%以上植株的籽粒内充满乳汁,并接近正常大小;蜡熟期是指50%以上植株籽粒的颜色接近正常,内呈蜡状;完熟期是指80%以上的种子坚硬。

A2.1.8 生育天数

由出苗(返青)至种子成熟的天数。

A2.1.9 枯黄期

50%的植株枯黄时为枯黄期。

A2.1.10 生长天数

由出苗(返青)至枯黄期的天数。

A2.1.11 抗逆性和抗病虫性

可根据小区内发生的旱害、病虫害等具体情况加以观测记载。

A2.1.12 抗倒性

植株倾斜大于45°为倒伏。观察并记载各参试品种(系)在抗倒伏能力方面的差异。

A2.1.13 株高

刈割前每小区随机取10株,测量从地面拉直后至植株最高部位(芒除外)的绝对高度,结果记入表A2。

A2.1.14 越冬(夏)率

在每小区中选择有代表性的样段3处,每样段长1 m,作好标记。在越冬(夏)前及第二年返青(或夏季越夏)后分别统计样段中植株总数及返青数,计算越冬(夏)率。

$$越冬(夏)率 = \frac{返青株数}{样段内植株总数} \times 100\%$$

A3 叶茎比

第一次刈割测产时,随机从每小区取3-5把草样,将4个重复的草样混合均匀,取约1000 g样品,将茎、叶(含花序)两部分分开,风干或烘干后求其占叶茎总重的百分率。叶鞘部分包括于茎内。叶茎比测定结果记入表A.5。

附录　国家草品种区域试验实施方案

表 A.1　禾本科牧草田间观测表

试验点名称：＿＿＿＿　草种名称：＿＿＿＿　试验年度：＿＿＿＿　观测人：＿＿＿＿

小区编号	参试品种(系)编号	播种期	(返青期)出苗期	分蘖期	拔节期	孕穗期	抽穗期	抽穗期株高(cm)	开花期	成熟期			完熟期株高(cm)	生育天数(d)	枯黄期	生长天数(d)	越冬(夏)率(%)	备注
										乳熟	蜡熟	完熟						

注：(1)刈割后的物候期观测一般不再记载，有特殊要求的除外。(2)抗逆性和抗病虫性：一般要求的，可根据小区内发生的冻害、旱害、病虫害、倒伏等具体情况目测观测记载；特殊要求鉴定某一抗性性状的，由全国草品种审定委员会指定的专业机构承担。

表 A.2 株高观测记载表

试验点名称：_____ 草种名称：_____ 观测日期：___年___月___日 生育期：_____ 刈割茬数：_____ 观测人：_____

小区编号	参试品种（系）编号	观测值(cm)										平均值(cm)
		1	2	3	4	5	6	7	8	9	10	

表A.3 产草量登记表

试验点名称：_____ 草种名称：_____ 试验年度：_____ 观测人：_____

小区编号	参试品种（系）编号	第一次刈割							第二次刈割							年累计产量 (kg/100 m²)	
		测产日期	生育期	高度 (cm)	计产面积 (m²)	鲜草重 (kg)	干鲜比* (%)	干草重 (kg)	测产日期	生育期	高度 (cm)	计产面积 (m²)	鲜草重 (kg)	干鲜比* (%)	干草重 (kg)	鲜草	干草

注：1、刈割次数超过2次者可续表填写；2、*表干鲜比为干草重占鲜草重的百分率，以%表示。

表A.4 干鲜比测定表

试验点名称：_____　　草种名称：_____

测定日期：____年____月____日　　测定人：_____

参试品种(系)编号	刈割茬次	样品鲜重(g)	样品风干重(g)	干鲜比(%)

注：干鲜比为样品风干重占鲜重的百分率，以%表示。

表A.5 叶茎比测定登记表

试验点名称：_____　　草种名称：_____

测定日期：___年___月___日　　　　测定人：_____

参试品种（系）编号	叶茎总重（风干）(g)	叶（风干）		茎（风干）	
		重量(g)	占叶茎总重(%)	重量(g)	占叶茎总重(%)

表 A.6 _____年度_____试验点____牧草各区组年累计干草产量汇总表

试验点名称:_____ 草种名称:_____ 统 计 人:_____

单位:kg/100 m²

品种编号	区组1	区组2	区组3	区组4
A				
B				
C				
D				

注:年累计干草产量数据精确到两位小数。

表 A.7 _____年度_____试验点____牧草每次刈割及年累计干草产量汇总表

试验点名称:_____ 草种名称:_____ 统 计 人:_____

单位:kg/100 m²

品种编号	第一茬	第二茬	第三茬	第四茬	第五茬	年累计
A						
B						
C						
D						

注:每个品种各茬次产量为4个重复的平均值。

附录六

国家草品种区域试验记载本

(20 年)

试验组别:＿＿＿＿＿＿＿＿＿＿＿＿＿＿＿

草种名称:＿＿＿＿＿＿＿＿＿＿＿＿＿＿＿

承担单位:＿＿＿＿＿＿＿＿＿＿＿＿＿＿＿

负 责 人:＿＿＿＿＿＿＿＿＿＿＿＿＿＿＿

执 行 人:＿＿＿＿＿＿＿＿＿＿＿＿＿＿＿

地址及邮编:＿＿＿＿＿＿＿＿＿＿＿＿＿＿＿

电 话:＿＿＿＿＿＿＿＿＿＿＿＿＿＿＿

传 真:＿＿＿＿＿＿＿＿＿＿＿＿＿＿＿

E-mail:＿＿＿＿＿＿＿＿＿＿＿＿＿＿＿

填表日期:＿＿＿＿＿＿＿＿＿＿＿＿＿＿＿

全国畜牧总站　制

B1 试验地基本情况

地理位置_____,海拔_____m,地形_____,
坡向坡度_____,土壤类型_____,地下水位_____,
土壤养分(有机质、速效N、P、K)_____,
土壤pH_____,前茬作物_____,底肥_____,
整地情况_____,
备注:_____。

B2 多年气象资料记载

全年降水量_____mm,年均温_____℃,最热月均温_____℃,
最冷月均温_____℃,极端最高温度_____℃,极端最低温度_____℃,
无霜期_____d,初霜日_____,终霜日_____,
年积温(≥0 ℃)_____℃,年有效积温(≥10 ℃)_____℃。

B3 当年气象资料记载

全年降水量_____mm,年均温_____℃,最热月均温_____℃,
最冷月均温_____℃,极端最高温度_____℃,极端最低温度_____℃,
无霜期_____d,初霜日_____,终霜日_____,
年积温(≥0 ℃)_____℃,年有效积温(≥10 ℃)_____℃。
灾害性天气情况_____,
注:若气象资料由当地气象站提供,需注明气象站的地理位置
经度_____,纬度_____,海拔_____。

B4 试验设计

参试品种(系)及编号_____,重复____次,小区面积_____m²(m×m)

B5 播种

播种日期:____月____日,播种方式_____,气温____℃,播种量:____g/小区,
行距____cm,播种深度____cm。
中耕除草(时间、方法、选用的除草剂等):_____。

B6 田间记载

施肥(时间、施肥量、肥料和施肥方法):_____。
灌溉(时间、灌溉量):_____。
病虫害防治(时间、病虫害种类、用药量和方法):_____。
其他田间需注明的事宜:_____。

B7 附小区种植图